电工电子技术实验教程

（第2版）

主　编　宋　弘　付学刚
副主编　张　锋　雷跃云　黄常全
　　　　曾晓辉　刘　永

西南交通大学出版社
·成都·

图书在版编目（CIP）数据

电工电子技术实验教程 / 宋弘，付学刚主编. —2版. —成都：西南交通大学出版社，2018.1
ISBN 978-7-5643-5943-0

Ⅰ. ①电… Ⅱ. ①宋… ②付… Ⅲ. ①电工技术 – 教材 ②电子技术 – 教材 Ⅳ. ①TM②TN

中国版本图书馆 CIP 数据核字（2017）第 294413 号

电工电子技术实验教程
（第 2 版）

主编　宋　弘　付学刚

责 任 编 辑	李芳芳
助 理 编 辑	梁志敏
封 面 设 计	墨创文化
出 版 发 行	西南交通大学出版社 （四川省成都市二环路北一段 111 号） 西南交通大学创新大厦 21 楼
发 行 部 电 话	028-87600564　028-87600533
邮 政 编 码	610031
网　　　　址	http://www.xnjdcbs.com
印　　　　刷	成都中铁二局永经堂印务有限责任公司
成 品 尺 寸	185 mm × 260 mm
印　　　　张	13.25
字　　　　数	314 千
版　　　　次	2018 年 1 月第 2 版
印　　　　次	2018 年 1 月第 4 次
书　　　　号	ISBN 978-7-5643-5943-0
定　　　　价	30.00 元

课件咨询电话：028-87600533
图书如有印装质量问题　本社负责退换
版权所有　盗版必究　举报电话：028-87600562

第 2 版前言

本教材自 2015 年出版以来，深受高等院校师生和工程技术人员的欢迎，已印刷 2 次，获得了良好的社会效益。

借助再次印刷的机会，教材组对本书进行了修订，以响应国家培养综合性、复合型、应用型人才的号召，满足社会对新时期高校学生的需求。结合近几年教学、科研的体会和读者的建议，本着更新内容、反映现代、适应社会的宗旨，在此次修订中，将前版内容进行了优化和完善，使之更实用，章节结构安排更合理，同时在每个实验项目里增加了实验数据记录表单，便于实验人员记录实验的原始数据。

由于编者水平有限，书中难免有疏漏和不妥之处，恳请广大读者批评指正。

编 者
2017 年 7 月

第 1 版前言

本教材是以教育部最新颁布的《高等学校工科本科电工技术（电工学Ⅰ）课程教学基本要求》和《高等学校工科本科电子技术（电工学Ⅱ）课程教学基本要求》为依据编写的，可作为高等学校工科非电类专业电工电子技术（电工学）实验课程的教材，也可作为高等职业教育、高等专科及成人高等教育的非电类专业实验教材。

"电工电子技术实验"是理工科专业的一门主要技术基础实验课程，通过实验加深学生对电路基本概念、原理和分析方法的理解，熟悉各种电路与信号的关系，拓宽学生的知识领域，锻炼学生的实践技能，培养学生科学的工作作风，获得电工、电子技术的必要的基本技能，了解电工、电子技术的发展情况和应用领域，为学习后续课程及从事相关工程技术工作和科研工作打下一定的基础。

本书在编写过程中注重以下几个方面的内容：

（1）注重学习和掌握电工技术、模拟电子技术、数字电子技术几部分教学内容所涉及的基本实践、基本技能。

（2）注重通过实验帮助学生理解并加深对理论的认识，提高实际操作能力，仪器、仪表的使用能力以及实验数据的分析处理能力，实现综合素质的全面提高。

（3）注重培养学生分析问题和解决问题的能力。

（4）注重培养学生在本学科领域进一步深造、应用和开发的能力。

本书由四川理工学院宋弘教授、付学刚副教授担任主编，张锋高级实验师、雷跃云高级实验师、黄常全高级实验师、曾晓辉老师、刘永老师担任副主编。由于编者水平有限，书中难免有疏漏和不妥之处，恳请使用本书的教师和同学以及广大读者提出宝贵意见。

编　者
2015 年 1 月

目　录

第一章　电工电子技术实验学习方法指导 ····································· 1
第一节　电工电子技术实验课程的目的意义 ····································· 1
第二节　电工电子技术实验课程的学习方法 ····································· 1
第三节　实验室规章制度 ·· 2

第二章　常用电子仪器的使用 ··· 4
第一节　数字万用表的使用 ·· 4
第二节　示波器的使用 ·· 8
第三节　函数信号发生器的使用 ··· 16

第三章　电工技术实验 ··· 23
实验一　基尔霍夫定律 ·· 23
实验二　叠加定理和戴维南定理 ··· 27
实验三　日光灯电路及功率因数的改善 ·· 32
实验四　一阶、二阶电路的正弦响应 ·· 35
实验五　RLC 串联谐振电路 ·· 39
实验六　三相交流电路 ·· 43
实验七　三相鼠笼式异步电动机 ··· 48

第四章　模拟电路实验 ··· 53
实验一　二极管、三极管及稳压管特性的测试 ····························· 53
实验二　单管放大电路 ·· 63
实验三　差动放大器 ··· 68
实验四　负反馈放大器 ·· 73
实验五　射极跟随器 ··· 78
实验六　集成运算放大器的基本应用 ·· 82

第五章　数字电路实验 ··· 89
实验一　TTL 集成逻辑门的逻辑功能与参数测试 ························· 89
实验二　触发器实验 ··· 96
实验三　编码器和译码器 ··· 103
实验四　计数器及其应用 ··· 108

  实验五 555 定时器的功能及脉冲信号的产生与变换 ················ 112
  实验六 组合逻辑电路的设计与测试 ································ 116

第六章 综合性设计性实验 ································ 120
  实验一 音频功率放大器设计 ···································· 120
  实验二 温度控制电路 ·· 124
  实验三 简单交通灯电路的设计 ···································· 127
  实验四 智力竞赛抢答的综合设计与制作 ···························· 129
  实验五 彩灯循环显示的设计与制作 ································ 131
  实验六 三相异步电动机能耗制动控制电路设计 ······················ 134
  实验七 异步电动机 Y-△启动控制电路设计 ··························· 136

参考文献 ··· 138

附录 1 部分集成电路管脚及内部结构说明 ································ 140

附录 2 Multisim10.0 实用教程 ·· 146

附录 3 实验数据记录单 ··· 169

第一章 电工电子技术实验学习方法指导

第一节 电工电子技术实验课程的目的意义

电工电子技术实验课程是一门工程性、技术性、实践性很强的课程。目的是使学生掌握电工电子技术方面的基本实验技术、实验方法和技能,培养学生在电工电子方面分析问题和解决问题的能力,培养和提高学生的实验能力和创新能力。电工电子技术具有较强的实践性,因此理论与实践相结合才能学好这门课程。通过实验和应用计算机辅助软件分析、设计电路,有助于提高学生对理论的认识和实际操作能力,从而实现综合素质的提高。要求学生达到的目标可以概括为以下几点:

(1) 得到一定的基础训练。
(2) 熟悉电工电子仪器的使用。
(3) 具备一定的电工电子系统设计能力。
(4) 具备独立分析问题、解决问题的能力。
(5) 能够利用实验的方法完成具体的任务。
(6) 培养实事求是的科学态度和踏实细致的工作作风。

科学技术的不断发展进一步加强了各个学科之间的联系,电工电子技术越来越渗透到其他学科,电工电子技术实践也将会越来越重要。总之,本课程凸显基本技能、综合设计能力、创新能力和计算机应用能力的培养,以适应新时代的要求。

第二节 电工电子技术实验课程的学习方法

电工电子技术实验课程是非电类专业非常重要的专业基础课,课程的显著性特征之一就是它的实践性。学好这门实验课应该注意以下几点:

(1) 实验前预习应注意以下方面:
① 掌握与当前实验相关设备的使用方法及注意事项。
② 认真阅读实验指导书,分析、掌握实验电路的工作原理,并进行必要的估算。
③ 复习与实验相关的理论知识。
④ 写出预习报告。

（2）实验时应注意的问题：

① 认真听指导教师实验前的辅导内容和演示内容。

② 认真连接实验线路并仔细检查，确保准确无误。

③ 实验过程中需要改接线路时，应先切断电源再拆、改接线路。连线时在保证接触良好的前提下应尽量轻插轻拔，检查电路正确无误后方可通电实验。拆线时若遇到连线与孔连接过紧的情况，应用手捏住连线插头的塑料线端，逆时针旋转，直至连线与孔松脱，切勿用蛮力强行拔出。

④ 实验过程中应仔细观察实验现象，认真记录实验结果（数据、波形、现象）。所记录的实验结果经指导教师审阅签字后再拆除实验线路。

⑤ 实验过程中如有疑问及时请教老师。

⑥ 实验过程中应随时留意，若发现有破坏性异常现象（例如有元件冒烟、发烫或有异味）应立即关断电源，保持现场，报告指导教师。找到原因、排除故障，经指导教师同意后再继续实验。

⑦ 实验结束后，必须关断电源，并将仪器、设备、工具、导线等按规定整理好。

（3）实验后及时总结，不断提升专业素养：

① 每次实验完成后及时总结实验中的得失，查漏补缺。

② 及时分析实验记录的数据，理论联系实际，最后完成实验报告。

第三节　实验室规章制度

一、实验室操作规范

（1）实验室由专人管理。

（2）实验前，指导教师检查实验的各项准备及安全工作。

（3）实验期间指导教师正确指导严格要求学生，认真完成好操作规范，保证学生做好每一项实验，达到预期效果。

（4）实验期间保持室内安静，不能大声喧哗，仪器设备要轻拿轻放，有组织有秩序地进行操作。

（5）要爱护实验设备，学生不得擅自操作，做到责任到人，不按规定操作损坏仪器由学生本人按价赔偿。

（6）实验室要保持室内卫生，做到室内整洁干净。

（7）实验结束之后，要关好实验台所有电源，并盖好防尘布，保持设备清洁。

（8）实验完成后，指导教师同管理人员检查实验台及附属仪器件有无损坏后方可离开。

二、实验室安全管理制度

（1）实验室安全管理要实行岗位责任制，做到人人有责，确保实验室安全。

（2）学生必须在实验指导教师的指导下，按操作规程进行实验。严防在实验操作中发生机、电、人身事故。

（3）保持实验室内环境整洁和清洁卫生，严禁乱扔废弃物品，保持通道畅通。

（4）实验室内严禁吸烟或动用明火，防止火灾发生。

（5）严禁使用漏电或有故障的教学仪器。

（6）禁止将易燃、易爆、易腐蚀、放射性及其他危险品带进实验室，严禁在实验教学区内使用非实验用电炉，严防火灾事故发生。

（7）实验人员、任课教师和学生做到人人懂防火常识、人人会使用灭火器（灭火器应放在显眼、容易操作的地方）、人人会报警，一旦发生火情，要积极采取相应措施。

（8）工作完毕后，实验室工作人员要检查仪器设备和工具，将实验设备整理复位，切断总电源，关闭门窗。

第二章 常用电子仪器的使用

第一节 数字万用表的使用

万用表是使用最广泛的电子仪表之一,种类型号繁多。电工电子技术实验室多配备的是 3 位半的数字万用表,这里以 DT-9205A 数字万用表为例来介绍其使用方法,如图 2.1 所示。

万用表的技术指标请参考有关资料,这里不一一罗列。

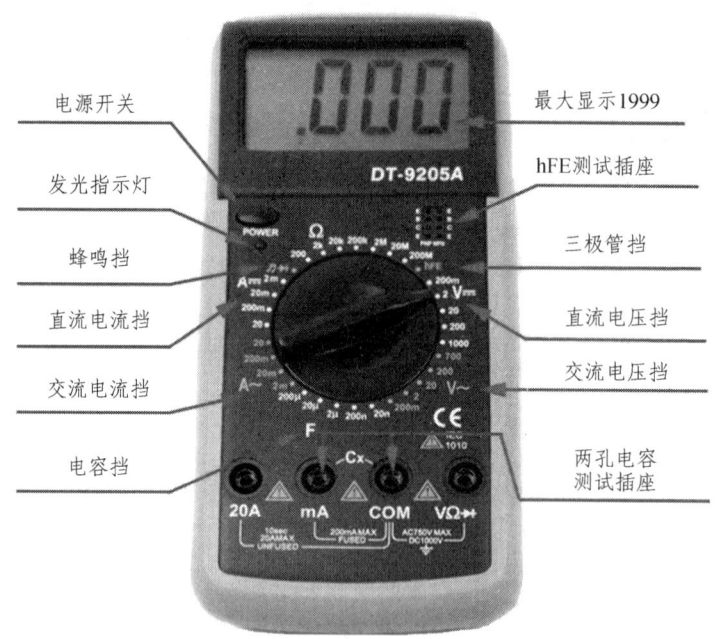

图 2.1 DT-9205A 数字万用表

一、使用方法

(1) 将"ON/OFF"开关置于"ON"位置,检查电池,如果电池电压不足,"⊟"将显示在显示器上,这时则需更换电池;如果显示器没有显示"⊟",则按以下步骤操作。

(2) 测试笔插孔旁边的"⚠"符号,表示输入电压或电流不应超过指示值,这是为了保护内部线路免受损伤。

(3) 测试之前。功能开关应置于你所需要的量程。

二、直流电压测量

（1）将黑表笔插入"COM"插孔，红表笔插入"V/Ω"插孔。

（2）将功能开关置于直流电压档"V⎓"量程范围，并将测试表笔连接到待测电源（测开路电压）或负载上（测负载电压降）。

注意：

（1）如果不知被测电压范围，将功能开关置于最大量程并逐渐下降。

（2）如果显示器只显示"1"，表示过量程，功能开关应置于更高量程。

（3）"⚠"表示不要测量高于 1 000 V 的电压，显示更高的电压值是可能的，但有损坏内部线路的危险。

三、交流电压测量

（1）将黑表笔插入"COM"插孔，红表笔插入"V/Ω"插孔。

（2）将功能开关置于交流电压档"V～"量程范围，并将测试笔连接到待测电源或负载上。测试连接图同上。测量交流电压时，没有极性显示。

四、直流电流测量

（1）将黑表笔插入"COM"插孔，当测量最大值为 200 mA 的电流时，红表笔插入"mA"插孔，当测量最大值为 20 A 的电流时，红表笔插入"20 A"插孔。

（2）将功能开关置于直流电流档"A⎓"量程，并将测试表笔串联接入待测负载上，电流值显示的同时，将显示红表笔的极性。

注意：

（1）如果使用前不知道被测电流范围，将功能开关置于最大量程并逐渐减小。

（2）如果显示器只显示"1"，表示过量程，功能开关应置于更高量程。

（3）"⚠"表示最大输入电流为 200 mA，超过最大输入电流时将烧坏保险丝，"20 A"量程无保险丝保护，测量时不能超过 15 s。

五、交流电流的测量

（1）将黑表笔插入"COM"插孔，当测量最大值为 200 mA 的电流时，红表笔插入"mA"插孔；当测量最大值为 20 A 的电流时，红表笔插入"20 A"插孔。

（2）将功能开关置于交流电流档"A～"量程，并将测试表笔串联接入待测电路中，如图 2.2 所示。

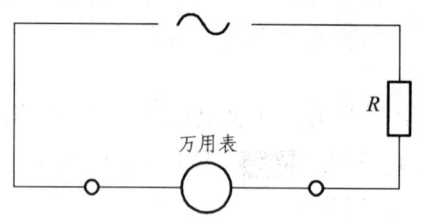

图 2.2　交流电流测量电路图

六、电阻测量

（1）将黑表笔插入"COM"插孔，红表笔插入"V/Ω"插孔。
（2）将功能开关置于"Ω"量程，将测试表笔连接到待测电阻上，如图 2.3 所示。

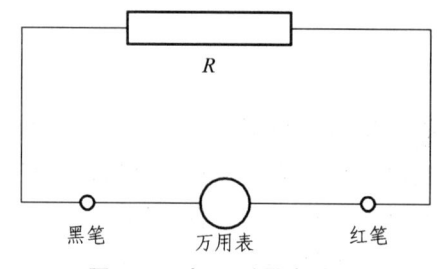

图 2.3　电阻测量电路图

注意：

（1）如果被测电阻值超出所选择量程的最大值，将显示过量程"1"，应选择更高的量程，对于大于 1 MΩ或更高的电阻，要几秒钟后读数才能稳定，这是正常的。
（2）当没有连接好时，例如开路情况，仪表显示为"1"。
（3）当检查被测线路的阻抗时，要保证移开被测线路中的所有电源，所有电容放电。被测线路中，如有电源和储能元件，会影响线路阻抗测试的正确性。

七、电容测试

连接待测电容之前，注意每次转换量程时，复零需要时间，有漂移读数存在，但不会影响测试精度：

（1）将功能开关置于电容量程"F"。
（2）将电容器插入电容测试座"Cx"中。

注意：

（1）仪器本身已对电容档设置了保护，故在电容测试过程中不用考虑极性及电容充放电等情况。
（2）测量电容时，将电容插入专用的电容测试座"Cx"中。
（3）测量大电容时稳定读数需要一定的时间。
（4）电容的单位换算：$1\ \mu F = 10^6\ pF$，$1\ \mu F = 10^3\ nF$。

八、二极管测试及蜂鸣器的连接性测试

（1）将黑表笔插入"COM"插孔，红表笔插入"V/Ω"插孔（红表笔极性为"+"），将功能开关置于"▶⊢"档、并将表笔连接到待测二极管，读数为二极管正向压降的近似值，如图 2.4 所示。

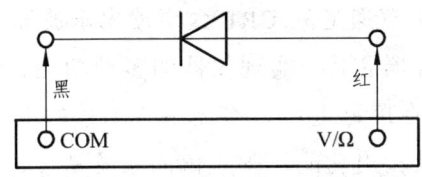

图 2.4 二极管测试电路图

（2）将表笔连接到待测线路的两端，如果两端之间电阻值低于约 70 Ω，内置蜂鸣器发声。

九、晶体管 hFE 测试

（1）将功能开关置于"hFE"量程。

（2）确定晶体管是 NPN 或 PNP 型，将基极 b、发射极 e 和集电极 c 分别插入面板上相应的插孔。

（3）显示器上将读出"hFE"的近似值，测试条件：万用表提供的基极电流 I_b = 10 μA，集电极到发射极的电压为 U_{ce} = 2.8 V。

十、自动电源切断使用说明

（1）仪表设有自动电源切断电路，当仪表工作时间为 30～60 min，电源自动切断，仪表进入睡眠状态，这时仪表约消耗 7 μA 的电流。

（2）当仪表电源切断后若要重新开起电源请重复按动电源开关两次。

十一、仪表保养

该数字多用表是一台精密电子仪器，不要随意更换线路，并注意以下几点：

（1）不要接高于 1 000 V 直流电压或有效值高于 700 V 交流电压。

（2）不要在功能开关处于"Ω"和"▶⊢"位置时，将电压源接入。

（3）在电池没有装好或后盖没有上紧时，请不要使用此表。

（4）只有在测试表笔移开并切断电源以后，才能更换电池或保险丝。

（5）仪表处于电容测试档时不能加入外接电源。

第二节 示波器的使用

EM6021 是一款 20 MHz 双通道的 CRT 数字读出示波器，价格低廉，操作方便，使用较广。EM6021 引入微处理器芯片，实现仪器的多种功能，包括光标读出装置、数字面板设定等。使用光标功能，在屏幕上可直接读出待测量的电压、时间、频率等数据。它有 10 组不同的面板值存储及输出功能；垂直偏向系统从 1 mV 到 20 V，共有 14 档偏向档位转换；水平偏向系统从 0.2 μs 到 0.5 s，共有 20 档偏向档位转换，并可在全屏宽下稳定触发。

打开电源后所有的主要面板设定都会显示在屏幕上。LED 位于前面板用于辅助和指示附加资料的操作。不正确的操作或将控制钮转到底时，蜂鸣器都会发出警讯。所有的按钮、TIME/DIV 控制钮都是电子式选择，它们的功能和设定都可以被储存。

前面板可以分为四大部分：① 显示器控制；② 垂直控制；③ 水平控制；④ 触发控制。

一、前面板

EM6021 示波器前面板示意图如图 2.5 所示。

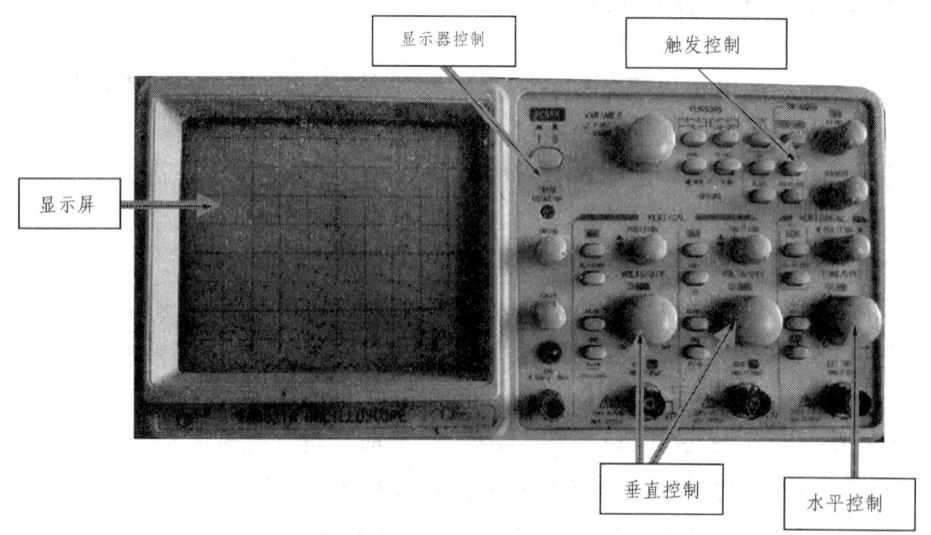

图 2.5　EM6021 示波器

(一) 显示器控制

显示器控制钮调整屏幕的波形，以及提供探头补偿的信号源。示波器前面板示意图如图 2.6 所示。

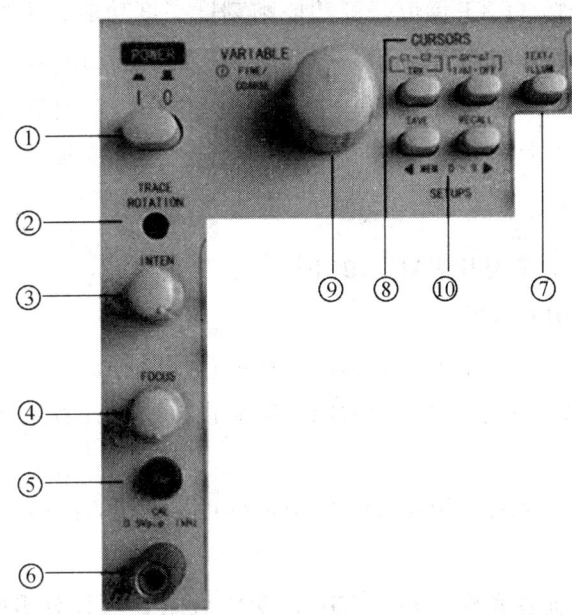

图 2.6 示波器前面板示意图（一）

1. POWER→①

当电源接通时，LED 全部点亮，稍后，一般的操作程序会显示、执行上次开机前的设定，LED 显示进行中的状态。

2. TRACE ROTATION→②

TRACE ROTATION 是使水平轨迹与刻度线成平行的调整钮，这个电位器可用小螺丝刀调整。

3. INTEN——控制旋钮→③

该控制旋钮用于调节波形轨迹亮度，顺时针方向旋转增加亮度，逆时针方向旋转降低亮度。

4. FOCUS→④

该旋钮为轨迹和光标读出的聚焦控制旋钮。

5. CAL→⑤

此端子输出一个 $0.5\ V_{P-P}$、1 kHz 的参考信号，供校准使用。

6. Ground socket——地线孔→⑥

此接头可作为直流的参考电位和低频信号的测量。

7. TEXT/ILLUM——具有双重功能的控制按键→⑦

这个按键用于选择 TEXT 读值亮度功能和刻度亮度功能,以"TEXT"或者"ILLUM"显示在读值装置中。按下此按键后,会在"TEXT"→"ILLUM"两个设置间依次切换。

TEXT/ILLUM 功能和 VARIABLE→⑨控制旋钮相关。顺时针旋转此旋钮,增加 TEXT 亮度或刻度亮度;逆时针则降低。按此按键可以打开或者关闭 TEXT/ILLUM 功能。

8. CURSORS——光标量测功能→⑧

这组按键中有两个按键和 VARIABLE→⑨控制钮有关。

1)ΔV-ΔT-$1/\Delta T$-OFF 按键

当此按钮按下时,三个量测功能将以下面的次序选择。

ΔV:出现两个水平光标,根据 VOLTS/DIV 设置,可计算两条光标之间的电压。ΔV 显示在 CRT 上部。

ΔT:出现两个垂直光标,根据 TIME/DIV 设置,可计算出两条垂直光标之间的时间,ΔT 显示在 CRT 上部。

$1/\Delta T$:出现两个垂直光标,根据 TIME/DIV 设置,可计算出两条垂直光标之间时间的倒数,$1/\Delta T$ 显示在 CRT 上部。

2)C1-C2-TRK 按键

光标 1、光标 2、轨迹可由此按钮选择。按此按钮将按下面次序选择光标:

C1:使光标 1 在 CRT 上移动;

C2:使光标 2 在 CRT 上移动;

TRK:同时移动光标 1 和 2,保持两个光标的间隔不变(两个符号都要被显示)。

9. VIRABIE→⑨

通过旋转或者按压 VIRABIE 旋钮,可以设定光标位置、TEXT/ILLUM 功能。

在光标模式中,按压 VIRABIE 旋钮可以在 FINE(细调)和 COARSE(粗调)之间选择光标位置,如果旋转 VIRABIE,选择 FINE 调节,光标移动得很慢;选择 COARSE 光标移动得快。

在"TEXT/ILLUM"模式,这个控制旋钮用于选择"TEXT"亮度和刻度亮度,请参照 TEXT/ILLUM 部分。

10. ◀MEMO 0-9▶——SAVE/RECALL→⑩

此仪器包含 10 组稳定的记忆器,可用于储存和调取所有电子式的选择键的设定状态。按"◀"或"▶"选择记忆位置,此时"M"字母后 0~9 的数字,显示储存位置。

每按一下"▶",储存位置的号码会增加 1,直到数字 9。按"◀"则一直减小到 0 为止。按住 SAVE 约 3 s 将状态存储到记忆器,并显示"SAVE"信息。

调取前面板的设定状态时,按住"RECALL"键 3 s,即可恢复先前的设定状态,并显示"RECALL"的信息。

(二)垂直控制

垂直控制按键选择输出信号及控制幅值。示波器前面板示意图如图 2.7 所示。

图 2.7 示波器前面板示意图(二)

1. CH1 按键→⑪

2. CH2 按键→⑫

快速按下 CH1(CH2)按键,通道 1(通道 2)处于导通状态,偏转系数将以读值方式显示。

3. CH1 POSITION 控制旋钮→⑬

4. CH2 POSITION 控制旋钮→⑭

通道 1 和 2 的垂直波形定位可用这两个旋钮来设置。

X-Y 模式中,CH2 POSITION 可用来调节 Y 轴信号偏转灵敏度。

5. ALT/CHOP→⑮

这个按键有多种功能,只有两个通道开启后才有作用。

(1)ALT:在读出装置显示交替通道的扫描方式。在仪器每一扫描期后,切换至 CH1 或 CH2,反之亦然。

（2）CHOP：切割模式的显示。每一扫描期间，不断在 CH1 和 CH2 之间作切割扫描。

6. ADD-INV——双重功能按钮→⑯

（1）ADD：读出装置显示"+"号表示相加模式。输入信号相加或者是相减的显示由相位关系和 INV 的设定决定，两个信号将成为一个信号显示。为使测试正确，两个通道的偏向系数必然相等。

（2）INV：按住此钮一段时间，设定 CH2 反向功能的开/关，反向功能会使 CH2 信号反向 180° 显示。

7. CH1 VOLTS/DIV→⑰

8. CH2 VOLTS/DIV-CH1/CH2——双重功能按钮→⑱

顺时针方向调整旋钮，以 1—2—5 顺序增加灵敏度，逆时针则减小。档位从 1 mV/DIV 到 20 V/DIV。如果关闭通道，此控制钮自动不动作。使用中通道的偏向系数和附加资料都显示在读出装置上。

按住"VAR"旋钮一段时间选择 VOLTS/DIV 作为衰减器或者作为调整的功能。开启 VAR 后，以>符号显示，逆时针旋转此按钮以降低信号的高度，且偏向系数成为非校正条件。

9. CH1，AC/DC→⑲

10. CH2，AC/DC→⑳

按一下此键，切换交流（"~"的符号）或直流（"⎓"的符号）的输入耦合。此设定及偏向系数显示在读出装置上。

11. CH1 GND-P×10→㉑

12. CH2 GND-P×10——双重功能按键→㉒

（1）按一下 GND 键，使垂直放大器的输入端接地，接地符号显示在读出装置上。

（2）按 P×10 键约 3 s，取 1∶1 和 10∶1 间的读出装置的通道偏向系数，10∶1 的衰减探头以符号表示在通道前（如"P10"，CH1），在进行光标电压测量时，会自动包括探头的衰减因素，如果不使用 10∶1 衰减探头，符号不起作用。

13. CH1-X——输入 BNC 插座→㉓

此 BNC 插座是作为 CH1 信号的输入，在 X-Y 模式，此输入信号是 X 轴偏移，为安全起见，此端子外部接地端直接连接到仪器接地点，而此接地端也是连接到电源插座。

14. CH2-Y——输入 BNC 插座→㉔

此 BNC 插座是作为 CH2 信号的输入。在 X-Y 模式，此输入信号为 Y 轴的偏移，为安全起见，此端子接地端也连接到电源插座。

（三）水平控制

水平控制可选择时基操作模式和调节水平刻度、位置和信号的扩展，如图 2.8 所示。

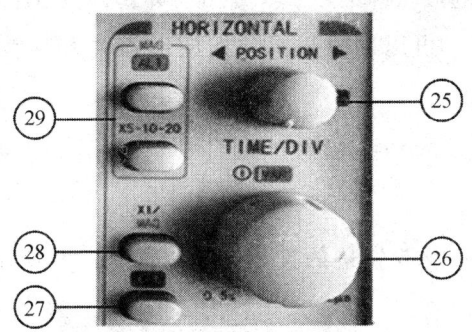

图 2.8　示波器前面板示意图（三）

1. H POSITION→㉕

此控制旋钮可将信号在水平方向移动，与 MAG 功能合并使用，可移动屏幕上任何信号。在 X-Y 模式中，控制旋钮调整 X 轴偏转灵敏度。

2. TIME/DIV-VAR——控制旋钮→㉖

此旋钮以 1-2-5 的顺序递减时间偏向系数，反方向旋转则递增其时间偏向系数。时间偏向系数会显示在读出装置上。

在主时基模式时，如果 MAG 不动作，可在 0.5 s/DIV 和 0.2 μs/DIV 之间选择 1—2—5 顺序的时间常数偏向系数。

按住"VAR"旋钮一段时间，选择 TIME/DIV 控制为时基或可调功能，打开 VAR 后，时间的偏向系数是校正的。直到进一步调整，逆时针方向旋转 TIME/DIV 以增加时间偏转系数（降低速度），偏向系数为非校正的，目前的设定以">"符号显示在读出装置中。

3. X-Y→㉗

按住此键一段时间，仪器可作为 X-Y 示波器用。X-Y 符号将取代时间偏向系数显示在读出装置上。

在这个模式中，在 CH1 输入端加入 X（水平）信号，CH2 输入端加入 Y（垂直）信号。Y 轴偏向系数范围为少于 1 mV 到 20 V/DIV，带宽：500 kHz。

4. ×1/MAG→㉘

按下此键，将在 ×1（标准）和 MAG（放大）之间选择扫描时间，信号波形将会扩展（如果用 MAG 功能），因此，只一部分信号波形将被看见，调整 H POSITION 可以看到信号中要看到的部分。

5. MAG FUNCTION——放大功能→㉙

"×5-×10-×20"键为放大功能键,当处于放大模式时,波形向左右方向扩展,显示在屏幕中心。有三个档次的放大率:×5、×10、×20,按 MAG 键可分别选择。

ALT MAG:按下此键,可以同时显示原始波形和放大波形。放大扫描波形在原始波形下面 3DIV(格)距离处。

(四)触发控制

触发控制决定两个信号及双轨迹的扫描起点,如图 2.9 所示。

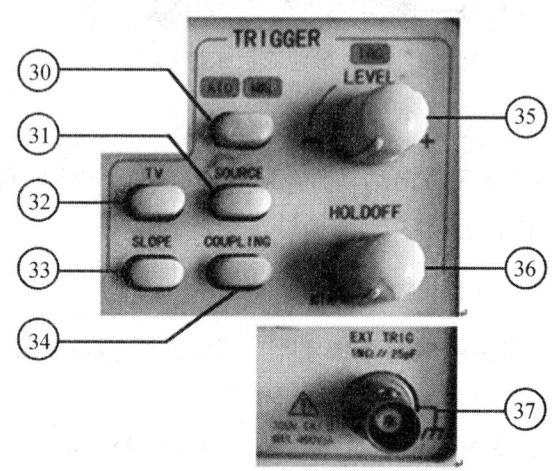

图 2.9 示波器前面板示意图(四)

1. ATO/NML 按键及指示 LED→㉚

此按键选择自动或者一般触发模式,LED 会显示实际的设定。

每按一次控制钮,触发模式依下面次序改变:

$$ATO \rightarrow NML \rightarrow ATO \rightarrow ATO$$

(1)ATO(AUTO,自动):选择自动模式,如果没有触发信号,时基线会自动扫描轨迹,只有 TRIGGER LEVEL 控制旋钮被调整到新的电平设定时触发电平才会改变。

(2)NML(NORMAL):选取一般模式,当 TRIGGER LEVEL 控制旋钮设定在信号峰之间的范围有足够的触发信号,输入信号会触发扫描,当信号未被触发,就不显示时基线轨迹。当使同步信号变成低频信号 25 Hz 或更少时,使用这一模式。

2. SOURCE→㉛

此按键选择触发信号源,实际的设定由直读显示("SOURCE,SLOPE,COUPLING")当按钮按下时,触发源以下列顺序改变:VERT→CH1→CH2→LINE→EXT→VERT。

（1）VERT（垂直模式）：

为了观察两个波形，同步信号将随着 CH1 和 CH2 上的信号轮流改变。

CH1：触发信号源来自 CH1 的输入端。

CH2：触发信号源来自 CH2 的输入端。

LINE：触发信号源从交流电源取样波形获得。对显示与交流电源频率相关的波形极有帮助。

EXT：触发信号源从外部连接器输入，作为外部触发源信号。

3. TV——选择视频同步信号的按键→㉜

从混合波形中分离出视频同步信号，直接连接到触发电路，由 TV 按钮选择水平或混合信号，当前设定以（SOURSE, VIDEO, POLARITY, TV-V 或者 TV-H）显示。当按钮按下时视频同步信号以下列次序改变：TV-V→TV-H→OFF→TV-V。

TV-V：主轨迹始于视频图场的开端，Slope 的极性必须配合复合视频信号的极性，以便触发 TV 信号场的垂直同步脉冲。

TV-H：主轨迹始于视频图线的开端，Slope 的极性必须配合复合视频信号的极性，以便触发在电视图场的水平同步脉冲。

4. SLOPE——触发斜率选择按键→㉝

按一下此按键选择信号的触发斜率以产生时基。每按一下此键，斜率方向会从下降缘移动到上升缘，反之亦然。

此设定在"SOURCE, SLOPE, COUPLING"状态下显示在读出装置上。如果在 TV 触发模式中，只有同步信号是负极性，才可同步符号显示在读出装置上。

5. COUPLING→㉞

按下此按键选择触发耦合，实际的设定由读出显示（SOURCE, SLOPE, COUPLING）。每次按下此钮，触发耦合以下列次序改变：AC→HFR→LFR→AC。

AC：将触发信号频率衰减到 20 Hz 以下，阻断信号中的直流部分，交流耦合对有大的直流偏移的交流波形的触发很有帮助。

HFR（HIGH FREQUENCY REJECT）：将触发信号中 50 kHz 以上的高频部分衰减，HFR 耦合提供低频成分复合波形的稳定显示，并对除去触发信号中干扰有帮助。

LFR（LOW FREQUENCY REJECT）：将触发信号中 30 kHz 以下的低频部分衰减，并阻断直流成分信号。LFR 耦合提供高频成分复合波形的稳定显示，并对除去低频干扰或电源杂音干扰有帮助。

6. TRIGGER LEVEL-TRG——LED 的控制钮→㉟

旋转控制旋钮可以选择在触发信号（电压）适合的位置开始波形触发扫描。触发电平的大约值会显示在读出装置上。顺时针调整控制旋钮，触发点向触发信号正峰值移动，逆时针旋转则向负峰值移动，当设定值超过观测波形的变化部分，稳定的扫描将停止。

TRG LED：如果触发条件符合时，TRG LED 亮，触发信号的频率决定 LED 是亮还是闪烁。

7. HOLD OFF——控制旋钮→㊱

当信号波形复杂，使用 TRIGGER LEVEL㉟不可获得稳定的触发，旋转此旋钮可以调节 HOLD OFF 时间（禁止触发周期超过扫描周期）。

当此旋钮顺时针转到头的时候，HOLD OFF 周期最小；逆时针旋转时，HOLD OFF 周期增加。

8. TRIG EXT——外部触发信号的输入端 BNC 插头→㊲

按下 TRIG SOURCE㉛按键，直到读出装置中出现"EXT，SLOPE，COUPLING"，即外部连接端被连接到仪器地端，和安全地端线相连。

第三节　函数信号发生器的使用

DDS 函数信号发生器是电工电子实验室常选用的信号源。本节以 TFG2000 系列的函数发生器为例进行介绍。其他类型的 DDS 函数发生器的功能和操作相似，不再一一介绍。

TFG2000 系列 DDS 函数信号发生器采用直接数字合成技术（DDS），具有快速完成测量工作所需的高性能指标和众多的功能特性。其前面板简单明晰，液晶汉字或荧光字符显示便于操作和观察，通过选装的扩展功能模块，还可获得增强的系统功能。

一、技术指标

（1）频率精度高：频率精度可达到 10^{-5} 数量级。

（2）频率分辨率高：全范围频率分辨率 40 mHz。

（3）无量程限制：全范围频率不分档，直接数字设置。

（4）无过渡过程：频率切换时瞬间达到稳定值，信号相位和幅度连续无畸变。

（5）波形精度高：输出波形由函数计算值合成，波形精度高，失真小。

（6）存储特性：可以存储 40 组不同频率和幅度的信号，在需要时可随时重现。

（7）猝发特性：可以对信号进行门控输出和猝发计数输出。

（8）扫描特性：具有频率扫描和幅度扫描功能，扫描起止点任意设置。

（9）调制特性：可以输出多种调制信号 AM，FM，FSK，ASK，PSK。

（10）计算功能：可以选用频率或周期，幅度有效值或峰峰值。

（11）操作方式：全部按键操作，两级菜单显示，直接数字设置或旋钮连续调节。

（12）高可靠性：大规模集成电路，表面贴装工艺，可靠性高，使用寿命长。
（13）程控特性：可以选配 GPIB 接口或 RS232 接口，组成自动测试系统。
（14）频率测量：可以选配频率计数器，对外部信号进行频率测量或周期测量。
（15）功率放大：可以选配功率放大器，输出功率可以达到 8 W。

二、准备使用信号源

仪器在符合以下规定的使用条件时，才能开机使用。
（1）电源条件：电压：AC 220(1 ± 10%) V；频率：50(1 ± 5%)Hz；功耗：< 30 VA。
（2）环境条件：温度：0 ~ 40 ℃；湿度：≤80%。

将电源插头插入交流 220 V 带有接地线的电源插座中，按下电源开关，仪器进行自检初始化，首先显示"WELCOME TO USE"（欢迎使用），然后依次显示 0、1、2、3、4、5、6、7、8、9，最后进入复位初始化状态，自动选择"连续"功能，显示出当前 A 路波形和频率值（荧光显示型号能同时显示出频率值和幅度值，使用更加方便）。

警告：为保障操作者的人身安全，必须使用带有安全接地线的三孔电源插座。

三、熟悉前后面板和用户界面

（1）前面板示意图如图 2.10 所示。

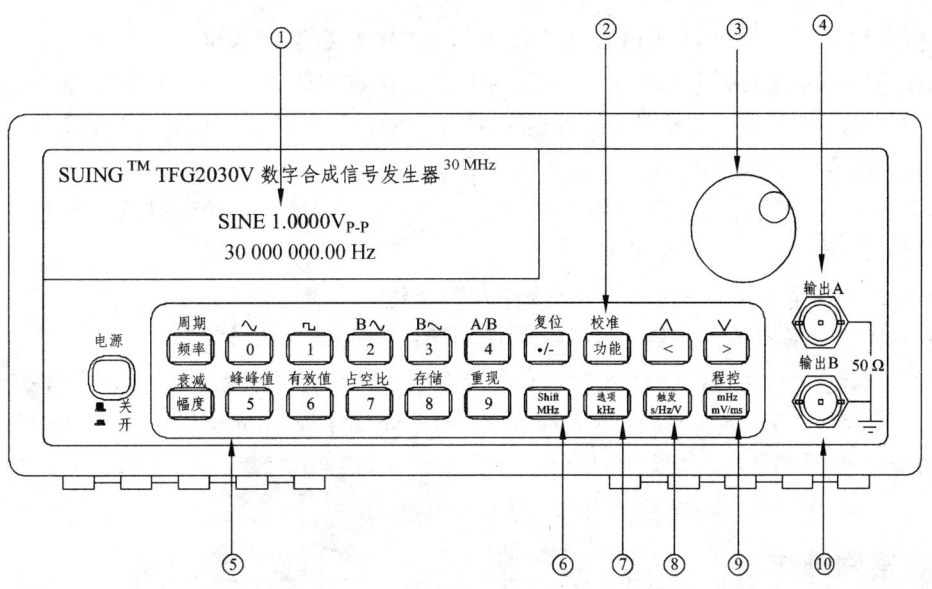

图 2.10　前面板示意图

①—菜单、数据、功能显示区；②—功能键；③—手轮；④—输出通道 A；⑤—按键区；
⑥—上档（Shift）键；⑦—选项键；⑧—触发键；⑨—程控键；⑩—输出通道 B

（2）后面板示意图如图2.11所示。

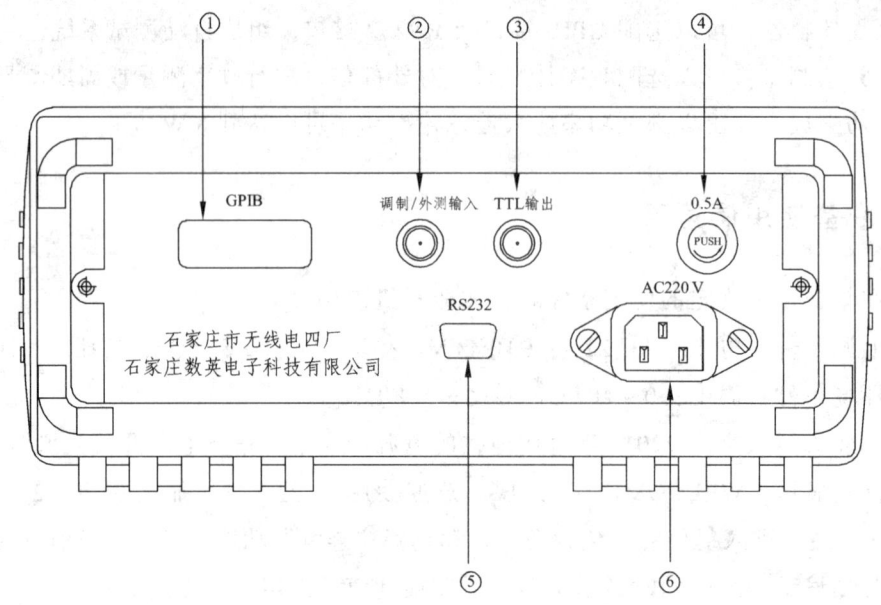

图 2.11　后面板示意图

①—GPIB 接口；②—调制/计数外测输入；③—TTL 输出；④—保险丝；⑤—RS232 接口；⑥—电源接口

四、按键说明

仪器前面板上共有 20 个按键，各按键功能如下：

【频率】【幅度】键：频率和幅度选择键。

【0】【1】【2】【3】【4】【5】【6】【7】【8】【9】键：数字输入键。

【MHz】【kHz】【Hz】【mHz】键：双功能键，在数字输入之后执行单位键功能，同时作为数字输入的结束键。直接按【MHz】键执行"Shift"功能，直接按【kHz】键执行"选项"功能，直接按【Hz】键执行"触发"功能。

【./-】键：双功能键，在数字输入之后输入小数点，"偏移"功能时输入负号。

【<】【>】键：光标左右移动键。

【功能】键：主菜单控制键，循环选择六种功能。

【选项】键：子菜单控制键，在每种功能下循环选择不同的项目。

【触发】键：在"扫描""调制""猝发""键控""外测"功能时作为触发启动键。

【Shift】键：上档键（显示"S"标志），按【Shift】键后再按其他键，分别执行该键的上档功能。

五、常用操作

下面举例说明常用操作方法，可满足一般使用的需要，如果遇到疑难问题或较复杂的使用，可上网查询。

开机后,仪器进行自检初始化,进入正常工作状态,自动选择"连续"功能,A 路输出。

1. A 路功能设定

A 路频率设定:设定频率值 3.5 kHz

【频率】【3】【.】【5】【kHz】。

A 路频率调节:按【<】或【>】键使光标指向需要调节的数字位,左右转动手轮可使数字增大或减小,并能连续进位或借位,由此可任意粗调或细调频率。

A 路周期设定:设定周期值 25 ms

【Shift】【周期】【2】【5】【ms】。

A 路幅度设定:设定幅度值为 3.2 V

【幅度】【3】【.】【2】【V】。

A 路幅度格式选择:有效值或峰峰值

【Shift】【有效值】或【Shift】【峰峰值】。

A 路衰减选择:选择固定衰减 0 dB(开机或复位后选择自动衰减 AUTO)

【Shift】【衰减】【0】【Hz】。

A 路偏移设定:在衰减选择 0dB 时,设定直流偏移值为 −1 V

【选项】键,选中"A 路偏移",按【-】【1】【V】。

恢复初始化状态:初始化状态参数见第 9 条

【Shift】【复位】。

A 路波形选择:在输出路径为 A 路时,选择正弦波或方波

【Shift】【0】或【Shift】【1】。

A 路方波占空比设定:在 A 路选择为方波时,设定方波占空比为 65%

【Shift】【占空比】【6】【5】【Hz】。

2. 通道设置选择

反复按下面两键可循环选择为 A 路,B 路,C 路

【Shift】【A/B/C】(仅 2 300、2 300 V 有 C 路)。

3. B 路功能设定

B 路波形选择:在输出路径为 B 路时,选择正弦波,方波,三角波,锯齿波

【Shift】【0】,【Shift】【1】,【Shift】【2】,【Shift】【3】。

B 路多种波形选择:B 路可选择 32 种波形

【选项】键,选中"B 路波形",按【<】或【>】键使光标指向个位数,使用手轮可从 0 至 31 选择 32 种波形。

4. 设置"扫描"功能

【功能】键,选中"扫描",使用现有扫描参数。

【触发】开始频率扫描,任意键输出停止。

设定扫描方式：正向扫描

【选项】键，选中"方式"，按【0】键。

【触发】开始正向频率扫描，任意键输出停止。

【幅度】键，选中"幅度"，使用现有扫描参数

【触发】开始幅度扫描，任意键输出停止。

5. 设置"调制"功能

【功能】键，选中"调制"，【触发】开始频率调制（FM ON）。

设定调制频偏：调制频偏5%。

【选项】键，选中"频偏"，【5】【Hz】。

【幅度】键，选中"幅度"，【触发】开始幅度调制（AM ON）。

设定调制深度：调制深度50%。

【选项】键，选中"深度"，【5】【0】【Hz】。

6. 设置"猝发"功能

【功能】键，选中"猝发"，改变猝发参数

设定猝发周期数：1个周期

【选项】键选中"计数"，【1】【Hz】。

【触发】开始猝发计数输出，任意键输出停止。

设定单次猝发：【选项】键选中"单次"

每按一次【触发】键，输出一次。

7. 设置"键控"功能

【功能】键，选中"键控"，使用现有键控参数。

【触发】开始FSK输出，任意键输出停止。

8. 设定相移度数：相移度数90°

【选项】键选中"相移"，【9】【0】【Hz】。

【触发】开始PSK输出，任意键输出停止。

【幅度】键，选中"幅度"，使用现有键控参数。

【触发】开始ASK输出，任意键输出停止。

9. 初始化状态：开机或复位后仪器的工作状态

A 路：波形：正弦波　　　　频率：1 kHz　　　　幅度：1 V_{P-P}

衰减：AUTO　　　　偏移：0 V　　　　方波占空比：50%

时间间隔：10 ms　　　　扫描方式：往返　　　　猝发计数：3个

调制载波：50 kHz　　　　调频频偏：15%　　　　调幅深度：100%

相移：0°

B 路：波形：正弦波　　　　频率：1 kHz　　　　幅度：1 V_{P-P}
C 路：（仅 2 300、2 300 V）
　　　波形：正弦波　　　　频率：0 MHz　　　　幅度：0 dBm

六、原理概述

图 2.12 为 TFG2000 系列 DDS 函数信号发生器原理框图。

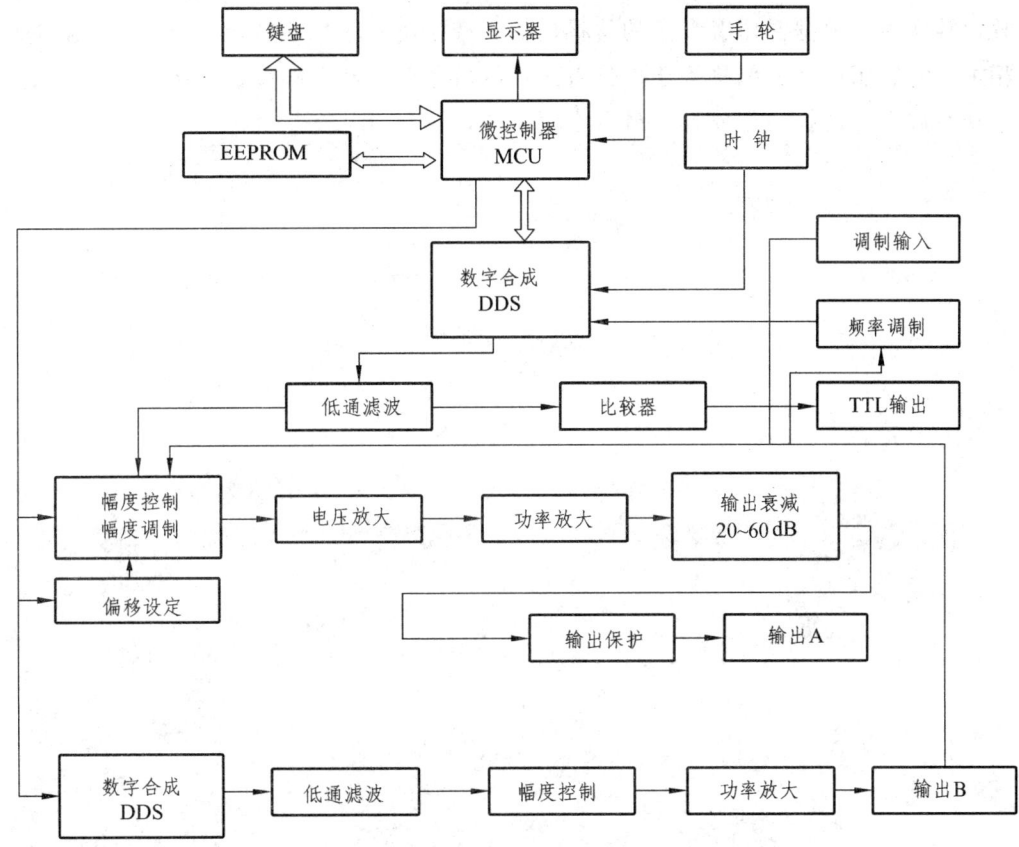

图 2.12　DDS 函数信号发生器原理框图

直接数字合成工作原理（输出 A、输出 B、输出 TTL）如下：

要产生一个电压信号，传统的模拟信号源是采用电子元器件以各种不同的方式组成振荡器，其频率精度和稳定度都不高，而且工艺复杂，分辨率低，频率设置和实现计算机程控也不方便。直接数字合成技术（DDS）是最新发展起来的一种信号产生方法，它完全没有振荡器元件，而是用数字合成方法产生一连串数据流，再经过数模转换器产生出一个预先设定的模拟信号。

例如要合成一个正弦波信号，首先将函数 $y = \sin x$ 进行数字量化，然后以 x 为地址，以 y 为量化数据，依次存入波形存储器。DDS 使用了相位累加技术来控制波形存储器的地址，在每一个采样时钟周期中，都把一个相位增量累加到相位累加器的当前结果上，通过改变相位增量即可改变 DDS 的输出频率值。根据相位累加器输出的地址，由波形存储器取出波形量化数据，经过数模转换器和运算放大器转换成模拟电压。由于波形数据是间断的取样数据，所以 DDS 发生器输出的是一个阶梯正弦波形，必须经过低通滤波器将波形中所含的高次谐波滤除掉，输出即为连续的正弦波。数模转换器内部带有高精度的基准电压源，因而保证了输出波形具有很高的幅度精度和幅度稳定性。

　　幅度控制器是一个数模转换器，根据操作者设定的幅度数值，产生出一个相应的模拟电压，然后与输出信号相乘，使输出信号的幅度等于操作者设定的幅度值。偏移控制器是一个数模转换器，根据操作者设定的偏移数值，产生出一个相应的模拟电压，然后与输出信号相加，使输出信号的偏移等于操作者设定的偏移值。经过幅度偏移控制器的合成信号再经过功率放大器进行功率放大，最后由输出端口 A 输出。

第三章 电工技术实验

实验一 基尔霍夫定律

一、实验目的

（1）验证基尔霍夫定律。
（2）加深对参考方向的理解。
（3）学会电路的开路电压和短路电流的测量方法。

二、实验仪器

（1）万用表 1 只。
（2）晶体管直流稳压电源 2 台。
（3）直流毫安表 1 只。
（4）基尔霍夫实验电路板 1 块。

三、实验预习要求

（1）了解各类仪表的使用方法。
（2）掌握参考方向与实际方向的关系。

四、实验原理

1. 基尔霍夫定律的表述

基尔霍夫定律是电路的基本定律，它概括了电路中电流和电压应遵循的基本规律。

基尔霍夫电流定律 KCL 的表述为：对于任一电路中的任一节点，在任一时刻，流出和流入该节点的所有支路电流的代数和为零。即

$$\sum_{k=1}^{K} i_k(t) = 0$$

基尔霍夫电压定律 KVL 的表述为：对于任一电路中的任一回路，在任一时刻，沿该回路绕行方向的所有支路电压升降的代数和为零。即

$$\sum_{k=1}^{K} u_k(t) = 0$$

基尔霍夫定律适用于任何集总参数电路。它与电路的结构有关，而与电路元件的特性无关，不论这些元件是线性还是非线性，含源的还是无源的，时变的还是时不变的都适用。

2. 参考方向

参考方向是电路理论的一个最基本的概念。分析一个电路，若事先并不知道电路中各电流、电压的真实方向，我们如何计算或测量各支路的电流、电压呢？首先，要选定电路中各支路电流（或电压）的参考方向，参考方向（正方向）即所谓的"假定方向"。另外，参考方向是可以任意确定的，但一经确定，在列写 KCL、KVL 方程时必须以此为依据。

在图 3.1 中，若给定电压的参考方向如箭头所示，例如，cd 支路箭头方向是由 c 指向 d，则表示这条支路电压的参考方向即 c 高 d 低，那么电压表的正极（红表笔）和负极（黑表笔）分别应与 c 端和 d 端相连。电压表指针若顺时针偏转读数为正，则说明参考方向与其真实方向一致；反之，则说明参考方向与真实方向相反。显然，测量支路的电流与测量支路电压的情况相似。

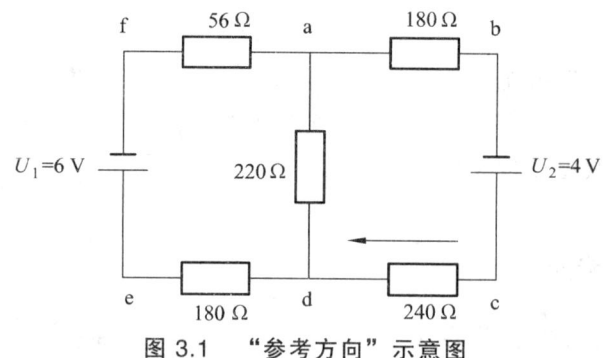

图 3.1 "参考方向"示意图

3. 开路电压与短路电流

如果电路某处断开而没有电流流过，则称为开路，断开处两端点间的电压即为开路电压。短路是指电路某两点由一电阻值可以忽略不计的导体直接接通的状态，短路可发生在电源两端或电路中任何位置，也可能发生在电源或负载（如电动机）的内部。若短路发生在电压源两端，由于回路中只有很小的电源内阻 R_S，则会产生很大的短路电流，可能使电源烧毁，这就是为什么电压源不能短路的原因。电源短路是一种严重的事故。但不能说所有的短路都是短路故障，例如在启动直流电动机时，为了避免过大的启动电流损坏电流表，可以在启动直流电动机时将电流表用开关（短路线）短路，待电机正常工作后再将短路电流表的开关打开，让电流表投入工作。所以，在实验中我们要注意区分"短路故障"和为了达到某种特定目的的人为短路（后者或称为"短接"）。

4. 实验电路图和直流电路实验板

本次实验的电路原理图如图 3.2（a）所示，实验在与之对应的直流电路实验板上进行，如图 3.2（b）所示。

五、实验内容及步骤

1. 基尔霍夫电流定律的验证

（1）按图 3.2（a）接好线路，U_1、U_2 分别由晶体管理想稳压电源供给，实验前先把开关 K_1、K_2 合向短路线的一侧，调节稳压电源的输出电压使 U_1 和 U_2 分别为 6 V 和 4 V。

（2）将直流毫安表置于较大量程，串入所要测量支路中。

（3）检查线路连接无误后，将开关 K_1、K_2 合到电源一侧，电路接通。同时，操作者应注意观察电流表指针的偏转方向，如果逆时针偏转，要迅速断开电流表的连线（或断掉电源开关 K_1、K_2）检查电源极性。并将测得的各支路电流数据记入表 3.1 中。

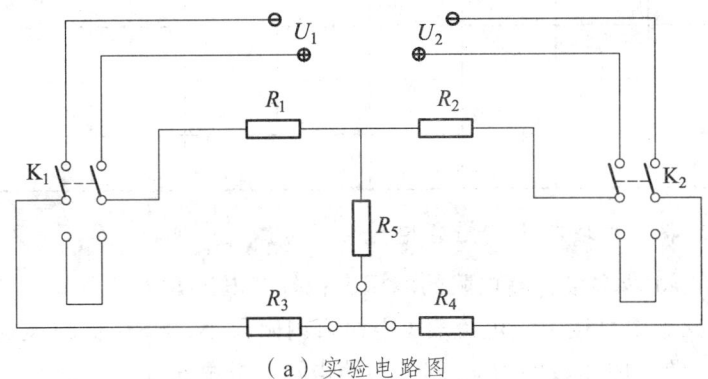

（a）实验电路图

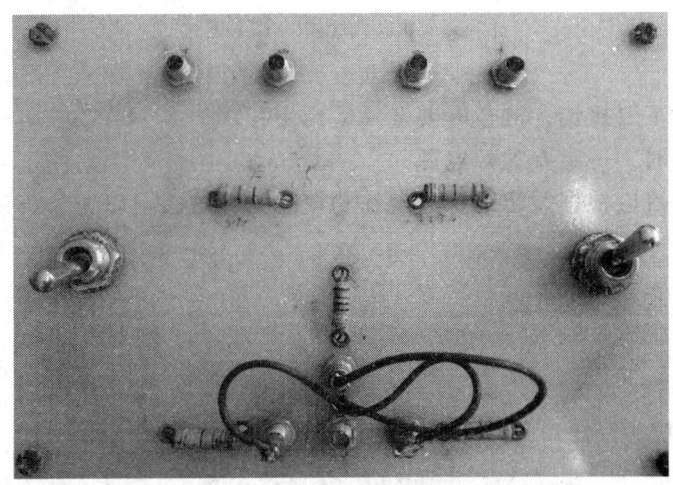

（b）实验电路板

图 3.2

表 3.1 电流数据表   mA

各支路电流	测量值	计算值	误差
I_1			
I_2			
I_3			
$\sum I$			

注：表中各电流的编号可自行定义。

2. 基尔霍夫电压定律验证

实验线路和操作步骤同前。用电压表依次读取各元件上的电压数据，记入表 3.2 中。

表 3.2 电压数据表   V

支路电压	U_{ab}	U_{bc}	U_{cd}	U_{de}	U_{ef}	U_{fa}	U_{ad}	验证 $\sum U$ abcda	验证 $\sum U$ fadef
测量值									
计算值									
误差/（%）									

3. 测量 ad 支路的开路电压和短路电流

关掉电源，在 ad 两端接一高内阻的电压表；打开电源开关，测量 ad 间的开路电压。关闭电源，在 ad 支路中直接串一电流表（电流表内阻很小，相当于 ad 支路短路）；然后打开电源开关，则电源表的读数即为 ad 间的短路电流，并做记录。

六、注意事项

（1）电表极性不要接错，测量时要选择适当量程。
（2）改接线路时，一定要关掉电源。
（3）电压、电流应根据假定的正方向在测量的数据之前冠以正、负号。

七、实验报告要求

整理实验数据，分析实验结果。

八、思考题

误差产生的原因及解决办法。

实验二 叠加定理和戴维南定理

一、实验目的

（1）验证叠加定理、戴维南定理。
（2）学习几种测量电源内阻及开路电压的方法。
（3）通过实验证明负载上获得最大功率的条件。

二、实验仪器

（1）晶体管稳压电源 1 台。
（2）电流表 1 只。
（3）万用表 1 只。
（4）可变电阻箱 1 个。
（5）直流电路板 1 块。

三、实验预习要求

测量有源两端电路开路电压有哪几种方法？

四、实验原理

1. 叠加定理

叠加定理的表述为：由线性元件组成的电路中，每一元件的电流或电压可以看成是每一独立源单独作用于电路时，在该元件上产生的电流或电压的代数和。

2. 戴维南定理（诺顿定理是戴维南定理的对偶形式）

戴维南定理的表述为：含电源和线性电阻、受控源的单口网络，不论其结构如何复杂，就其端口来说，可等效为一个电压源串联电阻支路，如图 3.3 所示。电压源的电压等于该网络端口的开路电压 U_{OC}，串联电阻 R_0 等于网络中所有独立电源置零时的等效电阻。

应用戴维南定理时，被变换的单口网络必须是线性的，可以包含独立电源或受控源，但是与外部电路之间除直接连接外，不允许存在任何耦合，例如受控源的耦合或磁的耦合等。外部电路可以是线性、非线性，定常或时变元件，也可以是由它们组成的任意网络。

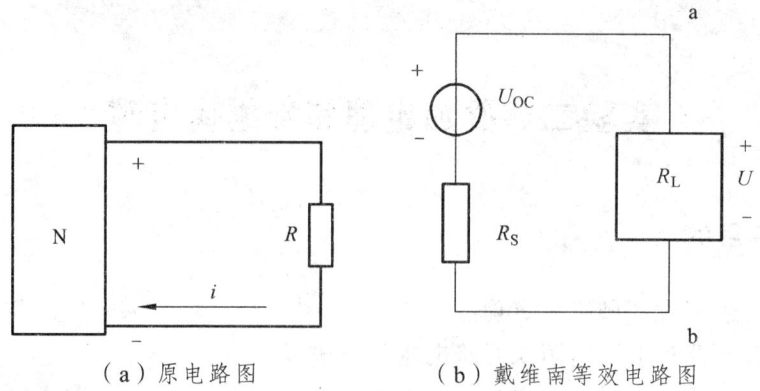

（a）原电路图　　　　　（b）戴维南等效电路图

图 3.3　戴维南定理电路图

3. 负载获得最大功率的条件

负载电阻获得最大功率的条件是负载电阻 R_L 等于电源的内阻 R_S，满足该条件时，我们说负载电阻与电源内阻相匹配，或称最大功率匹配。即当 $R_L = R_S$ 时，负载上获得的最大功率为

$$P_{max} = \frac{u_L^2}{(R_S + R_L)^2} R_L = \frac{u_L^2}{4R_S}$$

五、实验内容及步骤

（一）叠加定理的验证

用直流电路实验板按图 3.4 接线，U_1、U_2 分别由两台晶体管直流稳压电源供给；K_1、K_2 为两个换路开关，当它们分别合向 U_1、U_2 侧时表示电源已接入电路；如果 K_1、K_2 合向短路线一侧，则表示电路中的电源已经去掉。

测量时先把 K_1、K_2 都合向短路线一侧，再将稳压 U_1 调至 6 V，U_2 调至 4 V，经检查无误后接通电源。

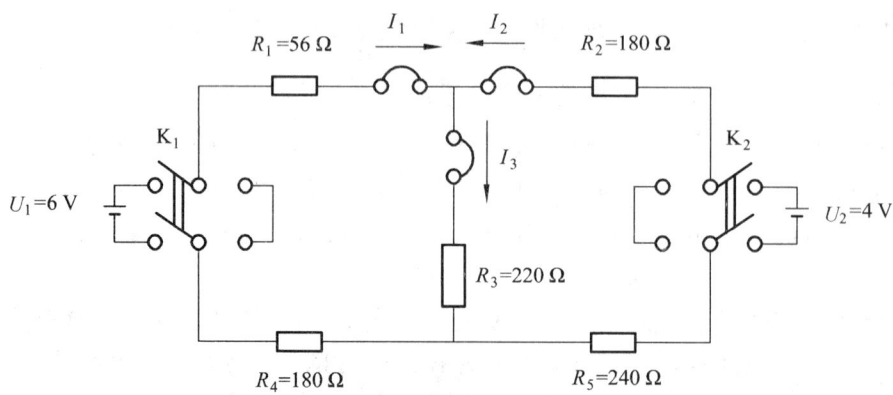

图 3.4　实验电路图

（1）$U_1 = 6\,\text{V}$ 单独作用（这时 K_1 合向电源侧，K_2 合上短路线侧）。测量各支路电流 I_1、I_2、I_3，并记入表 3.3 中。

（2）切除 U_1 电源（K_1 合向电源侧）接通 U_2 电源（K_2 合向电源侧）。测量 $U_2 = 4\,\text{V}$ 单独作用时各支路的电流 I_1、I_2、I_3，并将测量数据记入表 3.3 中。

（3）接通 U_1、U_2 电源，测量 U_1、U_2 共同作用时各支路的电流 I_1、I_2、I_3，并将结果记入表 3.3 中。

表 3.3　实验数据表　　　　　　　　　　　　　　　　　　　mA

	I_1			I_2			I_3		
	测量	计算	误差	测量	计算	误差	测量	计算	误差
U_1 作用									
U_2 作用									
U_1、U_2 同时作用									

（二）戴维南定理的验证

1．有源二端网络的伏安特性

实验电路如图 3.5 所示，图中 R_L 为可变电阻箱，a,b 以左为待测的有源二端网络。把电源电压 U 调至 6 V，测量电阻箱 R_L 为不同取值时流过 R_L 的电流值，数据记入表 3.4 中；并计算各种负载下电阻 R_L 所获得的功率。

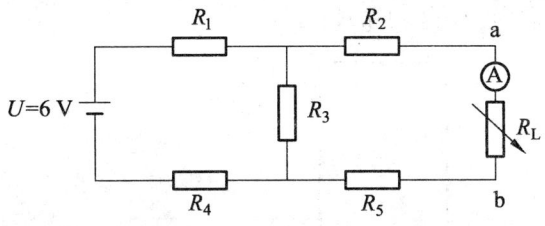

图 3.5　实验电路图

表 3.4　实验数据表

R_L/Ω	0	400	500	550	600	800	1 k	1.2 k	1.5 k	2 k	3 k
I_L/mA											
P/W											

2．测量有源二端网络的戴维南等效电路的参数

（1）测量 a,b 两端的开路电压 U_{OC}。

方法一：直接测量法。当有源二端网络的等效内阻 R_0 和电压表的内阻 R_V 相比可以忽略不计时,可以直接用电压表测量开路电压。测量时将 a,b 两端开路,直接测量有源二端网络的开路电压即为 U_{OC} 的值。

方法二:补偿法。由于用于测量的电压表有一定的内阻,因此在接入电路测量端口电压时,会改变被测电路的工作状态,给测量结果带来一定误差。为了消除电压表内阻对测量结果的影响,可采用补偿法测量电压,其测量电路如图 3.6 所示。U 为高精度的标准电压源。调节电阻箱分压比 k,当满足条件 $I_G = 0$ 时,则有

$$u_{ab} = u_{cd} = \frac{R_2}{R_1 + R_2} U = kU$$

其中,$k = R_2/(R_1 + R_2)$,为电阻箱的分压比,在电路平衡时 $I_G = 0$,外电路不对被测有源二端网络产生影响,所以补偿法的测量精度高。

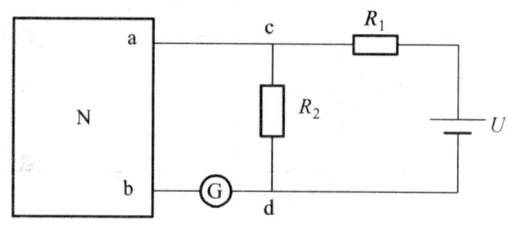

图 3.6　补偿电路图

(2)测量有源二端网络的等效内阻 R_0。

方法一:外加电压法。把有源二端网络中所有独立电源置零,然后在端口 a、b 上外加一给定电压并测量出电流 I,如图 3.7 所示,则 $R_0 = U/I$。然而,实际的电压源和电流源都具有一定的内阻,它并不能与电源截然分开,这将影响测量精度。因此,这种方法只适用于电压源内阻较小和电流源内阻较大的情况。

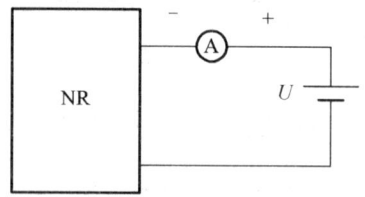

图 3.7　外加电源测内阻

方法二:二表法。用电压表测量含源二端网络 ab 端的开路电压 U_{OC},用电流表测 ab 端的短路电流 I_{SC},则 $R_0 = U_{OC}/I_{SC}$。这种方法适用于 ab 端等效电阻 R_0 较大,而且短路电流不超过额定值的情况下,否则会有损坏电源的危险。

方法三:两次电压测量法。测量电路如图 3.8 所示。第一次测量 ab 的开路电压 U_{OC};然后在 ab 端连接一个已知电阻 R_L,第二次测量 ab 端电压 U,则 ab 端等效电阻 R_0 为

$$R_0 = \left(\frac{U_{OC}}{U} - 1\right) R_L$$

第三种方法克服了第一种和第二种方法的缺点和局限性,在实际测量中常被采用。

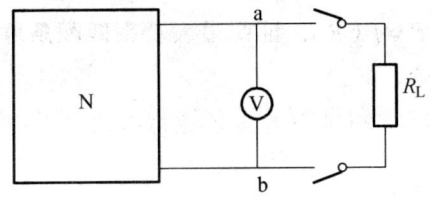

图 3.8　两次电压测量法测内阻

方法四：采用半偏法，如图 3.9 所示。利用负载 R_L 等于等效电阻 R_0 时电源平均分配在 R_L 和 R_0 上的规律测量 R_0，实验中 R_L 采用可变电阻箱。测量时调节电阻箱的电阻值同时观察电压表的读数，当电压表读数为电源电压表的一半时即 $U = U_S/2$，电阻箱上的电阻值 R_L 就等于所求的 ab 两端的等效电阻 R_0。

方法五：实际中常常用万用表"Ω"档直接测量无源二端 ab 等效电阻 R_0。

3. 验证戴维南定理

利用以上测得的 U_{OC} 和 R_0 组成戴维南等效电路，然后与负载电阻 $R_L = 1\ \text{k}\Omega$ 相接，如图 3.10 所示。测量流过负载电阻 R_L 的电流 I，并与表 3.4 中相应的电流比较，借以验证戴维南定理。

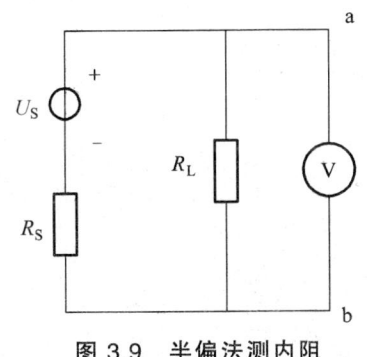 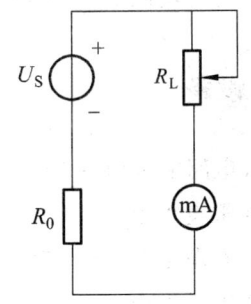

图 3.9　半偏法测内阻　　　　图 3.10　戴维南验证电路图

4. 最大功率传输定理

利用表 3.4 中数据绘制功率曲线 $P = f(R)$，证明最大功率匹配的条件是 $R_L = R_0$。

六、注意事项

（1）注意电表极性、量程，读数要标明正负号。
（2）改接线路时要关掉电源，避免带电接电路。
（3）实验中注意避免晶体管稳压电源发生短路。

七、实验报告要求

（1）根据实验数据验证叠加定理及戴维南定理。

（2）绘制功率传输曲线 $P=f(R)$，证明最大功率匹配条件。
（3）总结实验收获、结论。

八、思考题

（1）在验证叠加定律时，如果电源内阻不能忽略，实验该如何进行？
（2）叠加定理及戴维南定理的适用条件是什么？

实验三　日光灯电路及功率因数的改善

一、实验目的

（1）明确交流电路中各电压、电流之间的相量关系。
（2）掌握改善功率因数的方法。
（3）了解日光灯电路工作原理。

二、实验设备

（1）日光灯电路实验灯 1 个。
（2）交流电压表 1 个。
（3）交流电流表 1 个。
（4）交流调压器 1 台。

三、实验预习要求

（1）查阅资料，掌握日光灯的工作原理。
（2）掌握提高感性负载功率因数的方法。

四、实验原理

1. 交流电路的功率因数

在正弦交流电路中，平均功率（有功功率）$P=UI\cos\varphi$，视在功率 $S=UI$。一般来说，平均功率 P 不等于视在功率 S，只有在纯电阻电路中，平均功率 P 才与视在功率 S 相等；只要电路中有电抗元件存在，P 总是小于 S 的。平均功率 P 与视在功率 S 之比就是功率因数，即

$$\lambda = \frac{P}{S} = \frac{UI\cos\varphi}{UI} = \cos\varphi$$

功率因数是电压和电流相位差的余弦值，也可视为阻抗角 θ_Z 的余弦值。

功率因数的高低，反映了电源容量利用率的大小。从供电系统来看，由公式 $P = UI\cos\varphi$ 可见，当平均功率 P 与电压 U 为定值时，功率因数越高，则需要的电流就越少。因此，系统的功率因数高，既可以提高电源设备的利用率，又可以减少线路的能量损失（用较小的电流输送同样的功率），提高传输效率。因此提高负载端的功率因数成为电力系统的一个重要课题。

在实际电路中，负载大多数是感性的。通常采用电容补偿法提高功率因数，即在感性负载两端，并联补偿电容器，当电容器的电容量 C 选择适合时，可将功率因数提高到接近于 1。

2. 日光灯电路

日光灯电路由灯管、镇流器、启辉器和补偿电容组成，如图 3.11 所示。

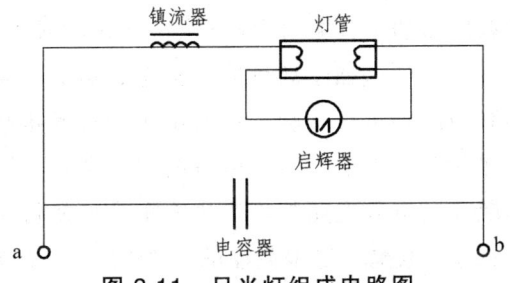

图 3.11 日光灯组成电路图

日光灯电路的功率因数大概只有 0.4。此时功率因数角 φ 较大，为了提高日光灯电路的功率因数，可在 a，b 两端并联补偿电容。并联电容后对于感性负载来说（即 R，L 串联电路）所加电压和负载参数均未改变，但是由于 I_C 的出现使电路的总电流 I（即电源向外输送的电流）减小了，见图 3.12。

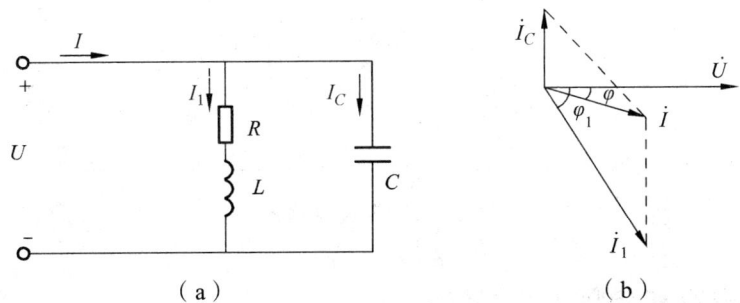

图 3.12 电容器与电感性负载并联以提高功率因数

由上述分析，并联电容前后，电源向外供出的功率未变化，但是总电流却因并联电容器而减小，这就是并联电容使其功率因数得到改善的好处。

3. 日光灯电路中灯管、镇流器、启辉器的功能

灯管：在玻璃管内壁涂上荧光粉，管内充以氩气和少量的汞。灯管两端各装有灯丝，它需要一瞬时高压帮助起燃。在正常工作时灯管两端电压较低需要一个限流元件（镇流器）与它串联才能接于 220 V 电源上正常工作，在实验电路中灯管相当于图 3.13 中电阻 R。

镇流器：为铁心电感线圈，其作用是，在灯管起燃瞬间产生一高电压帮助灯管起燃，而在正常工作时，起降压限流作用，在电路图 3.13 中相当于有电阻 r 的感抗元件 L。

启辉器：它是由一个充气二极管和一个电容组成，在充有氖气的玻璃泡内装有两个电极：一为固定电极；一为双金属片制成倒"U"形的可动电极。当两极加以一定的高压时，则氖气电离形成气体导电同时伴有热量产生，便双金属片受热膨胀而与固定电极接通使灯管的灯丝加热。然后双金属片冷却，当冷却到一定程度时，双金属片恢复原来状态使两极分开，因此启辉器在电路中相当于一个自动开关。

日光灯的启辉器过程如下（见图 3.13）：

当 220 V 的电压通过调压器加入日光灯电路时，由于这时日光灯管未起燃而不能导电；电源电压通过镇流器、灯管的灯丝施加于启辉器两极上，启辉器两极间的气体电离，并产生热量使双金属片受热膨胀与固定电极接触；这时由于两极间接触后不再产生热量，双金属片冷却复原而使电路突然断开；由于电路中电流的突然消失，镇流器产生一较高的自感电势经回路施加于灯管两端并与电源电压相加产生一个高压使灯管内气体加速电离，离子碰撞荧光物质使灯管发光；这时电源通过镇流器的工作绕组 1, 2 端和灯管构成回路进入工作状态，日光灯正常工作时，灯管两端电压较低使启辉器不再动作。

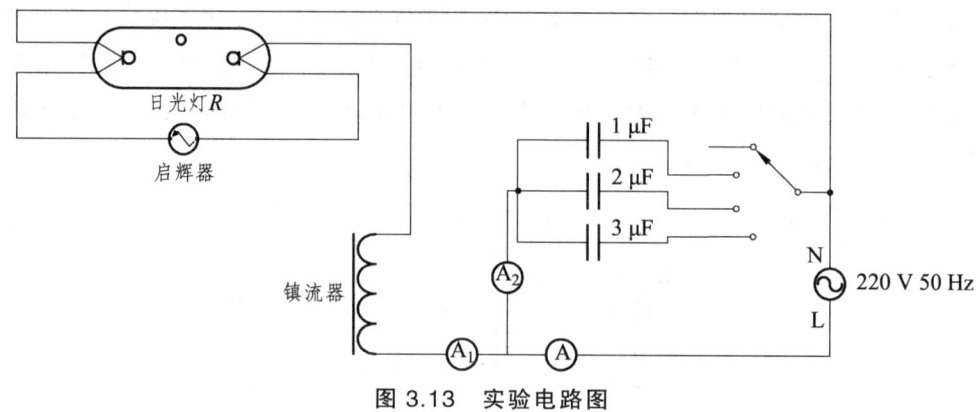

图 3.13　实验电路图

五、实验内容和步骤

实验板电路如图 3.13 所示。

（1）了解日光灯设备的各部件，熟悉实验电路板。

（2）电容 C 先不接入电路，测量日光灯的工作电压，并记录在表 3.5 中。

表 3.5 电压数据   V

电源电压	灯管电压	镇流器电压

（3）测量当电容 C 为以下数值时，各支路的电流，并记录在表 3.6 中。

表 3.6 并联不同电容时电流数据

$C/\mu F$	0	1	2	3
I/mA				
I_1/mA				
I_2/mA				

六、注意事项

（1）功率表要正确地接入电路。

（2）实验用的是交流电 220 V，务必注意用电安全。

七、实验报告要求

（1）从测量数据中求出日光灯电阻 R、镇流器电阻 r、镇流器电感 L 和全补偿并联电容参数值。

（2）画出不同电容补偿时电路各支路电流的相量图。

八、思考题

（1）在普通日光灯电路中常用电容器提高功率因数，是否并联的电容量愈大，功率因数提高越高呢？

（2）电感性负载提高功率因数为什么一般是采用负载并联电路电容的方法，而不采用串联电容器的方法呢？

（3）电源电压 U（所测有效值）是否为日光灯两端电压有效值和镇流器两端电压有效值代数和？它们是否有着直角三角形的相量关系？并画出 U，U_R，U_L 之间关系的相量图。

实验四 一阶、二阶电路的正弦响应

一、实验目的

（1）研究一阶、二阶电路正弦响应的基本规律，以及输入情况、电路参数对响应的影响，特别是研究在稳定状态下，工作频率对于响应的幅度和相位的影响。

（2）学习用示波器测量相位差的方法。

二、实验设备

（1）函数信号发生器 1 台。
（2）双踪示波器 1 台。
（3）动态电路板 1 块。

三、实验预习要求

（1）一阶和二阶电路的零输入响应、零状态响应知识。
（2）一阶和二阶电路的阶跃响应知识。

四、实验原理

有关一阶、二阶电路正弦响应的基本规律和基本分析方法请参阅教材的相应内容。在正弦响应稳定的情况下，本实验电路的激励与响应关系如下：

（一）一阶电路的稳态响应

一阶电路如图 3.14 所示。设正弦激励 $U_1 = U_{1m}\cos(\omega t + 0°)$，对电路列写节点方程：

$$\left(\frac{1}{R_1} + \frac{1}{R_2} + j\omega C\right)U_{2m} = \frac{U_{1m}}{R_1}$$

对上式求解，得输出电压表达式为

$$U_{2m} = \frac{U_{1m}}{1 + \frac{R_1}{R_2} + j\omega CR_1}$$

$$= \frac{1}{\sqrt{\left(1 + \frac{R_1}{R_2}\right)^2 + (\omega CR_1)^2}} \arctan\frac{\omega CR_1}{1 + R_1/R_2}$$

其输出电压的幅值和相位关系分别如下：

幅值 $\quad U_{2m} = \dfrac{U_{1m}}{\sqrt{\left(1 + \dfrac{R_1}{R_2}\right)^2 + (\omega CR_1)^2}}$

相位 $\quad \theta = \arctan\dfrac{\omega CR_1}{1 + \dfrac{R_1}{R_2}} = \arctan\dfrac{\omega CR_1 R_2}{R_1 + R_2}$

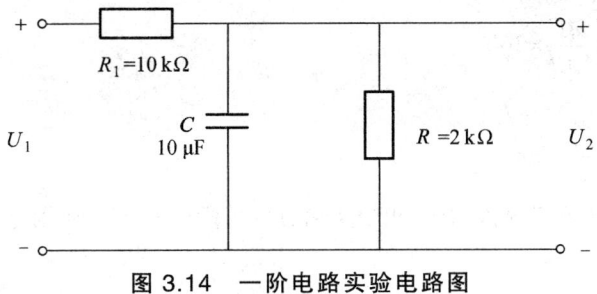

图 3.14　一阶电路实验电路图

（二）二阶电路的正弦稳态响应

二阶电路如图 3.15 所示。对电路列写节点方程：

$$\left(\frac{1}{R_1}+\frac{1}{R_2}+j\omega C+\frac{1}{j\omega L}\right)\dot{U}'_{2m}=\frac{\dot{U}'_{1m}}{R_1}$$

解得

$$U_{2m}=\frac{U_{1m}}{\sqrt{\left(1+\frac{R_1}{R_2}\right)^2+R_1^2\left(\omega C-\frac{1}{\omega L}\right)^2}}$$

$$\theta=\arctan\frac{\left(\omega C-\frac{1}{\omega L}\right)}{1+\frac{R_1}{R_2}}=\arctan\frac{R_1 R_2\left(\omega C-\frac{1}{\omega L}\right)}{R_1+R_2}$$

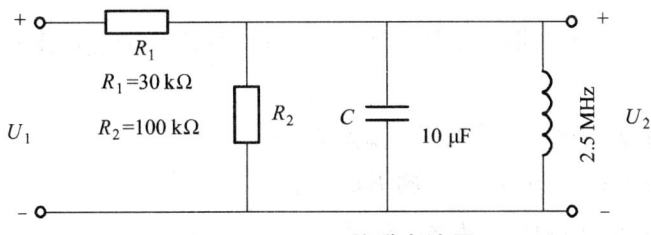

图 3.15　GCL 并联电路图

（三）用示波器测量相位差的方法

用示波器测量两个正弦信号相位差的方法很多：单踪示波器常用李沙育图形法，双踪示波器常用位移法。

本实验使用双踪示波器，采用位移法来测量两个正弦信号的相位差，其测量原理和测量信号周期的原理相同。

如图 3.16 所示两个正弦信号的周期相同，相位差为 ϕ，其周期是从 A 到 B 的一段时间，AC 是第二个信号落后于第一个信号的时间，则两信号的相位差由下式决定：

$$\phi = \frac{AC}{AB} \times 360°$$

即
$$\phi = \frac{\Delta t}{T} \times 360°$$

由上式可知，只要在荧光屏上读出 AB 和 AC 两段的长度，利用上式便可计算得到它们之间的相位差 ϕ。

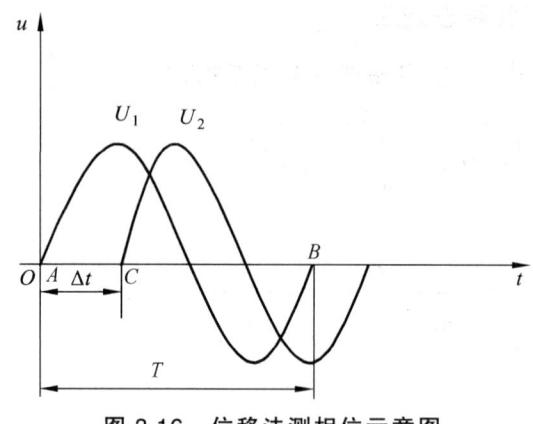

图 3.16 位移法测相位示意图

五、实验内容及步骤

1. 一阶电路的正弦稳态响应

按图 3.14 接线，分别在以下条件观测 U_2 记录波形测量 U_{2m} 及输入的相位差，并记录在表 3.7 中。

（1）$U_{1m} = 3$ V；$f = 100$ Hz 时观测 U_{2m} 及 ϕ；

（2）$U_{1m} = 3$ V；$f = 1\ 000$ Hz 时观测 U_{2m} 及 ϕ；

（3）$U_{1m} = 3$ V；$f = 10$ kHz 时观测 U_{2m} 及 ϕ。

表 3.7 测量数据表

输入	输出	
	U_{2m}（波形及参数）	ϕ
$U_{1m} = 3$ V；$f = 100$ Hz		
$U_{1m} = 3$ V；$f = 1\ 000$ Hz		
$U_{1m} = 3$ V；$f = 10$ kHz		

2. 二阶电路的正弦稳态响应

按图 3.15 接线，分别在以下条件观测 U_{2m} 及 U_2 和 U_1 的相位差 ϕ，并记录在表 3.8 中。

（1）$U_{1m} = 3$ V；$f = 14$ kHz 时观测 U_{2m} 及 ϕ；

（2）$U_{1m} = 3$ V；$f = 19.5$ kHz 时观测 U_{2m} 及 ϕ。

表 3.8 测量数据表

输入	输出	
	U_{2m}（波形及参数）	ϕ
$U_{1m} = 3$ V；$f = 14$ kHz		
$U_{1m} = 3$ V；$f = 19.5$ kHz		

3. 测谐振频率 f

保持 $U_{1m} = 3$V，改变 f，使 $\phi = \phi_{U2} - \phi_{U1} = 0$，此时 $f = f_0 = $ _____ ，$U_{2m} = $ _____ 。

六、注意事项

（1）为了观察相位差，示波器需要用本实验电路信号的激励信号作为同步信号（示波器外同步）。

（2）如果预计的波形显示不出来，切勿无目的地乱拨旋钮，要认真分析，有根据地确定调节步骤或请教老师指导。

七、实验报告要求

（1）整理实验结果。

（2）比较实验中二阶电路的正弦稳态响应的计算与实验数据，分析误差的主要来源。

实验五　*RLC* 串联谐振电路

一、实验目的

（1）学习用实验方法绘制 R、L、C 串联电路的幅频特性曲线。

（2）加深理解电路发生谐振的条件、特点，掌握电路品质因数（电路 Q 值）的物理意义及其测定方法。

二、实验仪器

（1）低频信号发生器 1 台。
（2）双踪示波器 1 台。
（3）频率计 1 台。
（4）交流毫伏表 1 台。
（5）实验线路元件：$R = 330\ \Omega$、$2.2\ k\Omega$；$C = 3\ 300\ pF$；L 约 $30\ mH$；$r = 30\ \Omega$。

三、实验预习要求

（1）根据实验线路板给出的元件参数值，估算电路的谐振频率。
（2）改变电路的哪些参数可以使电路发生谐振，电路中 R 的数值是否影响谐振频率值？
（3）如何判别电路是否发生谐振？测试谐振点的方案有哪些？

四、实验原理

（1）在图 3.17（a）所示的 R、L、C 串联电路中，当正弦交流信号源的频率 f 改变时，电路中的感抗、容抗随之而变，电路中的电流也随 f 而变。取电阻 R 上的电压 U_o 作为响应，当输入电压 U_i 的幅值维持不变时，在不同频率的信号激励下，测出 U_o 的值，然后以 f 为横坐标，以 U_o/U_i 为纵坐标（因 U_i 不变，故也可直接以 U_o 为纵坐标），绘出光滑的曲线，此即为幅频特性曲线，亦称谐振曲线，如图 3.17（b）所示。

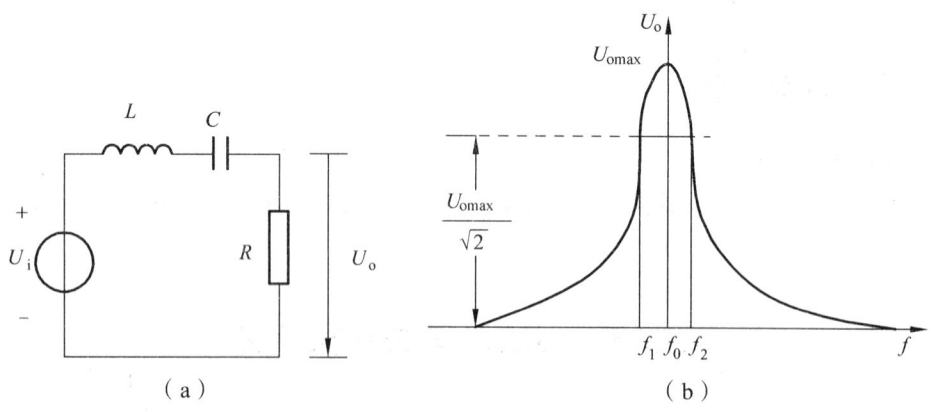

图 3.17　RLC 串联电路及其幅频特性曲线

（2）在 $f = f_0 = \dfrac{1}{2\pi\sqrt{LC}}$ 处，即幅频特性曲线尖峰所在的频率点称为谐振频率。此时 $X_L = X_C$，电路呈纯阻性，电路阻抗的模为最小。在输入电压 U_i 为定值时，电路中的电流达到最大值，且与输入电压 U_i 同相位。从理论上讲，此时 $U_i = U_R = U_o$，$U_L = U_C = QU_i$，式中的 Q 称为电路的品质因数。

（3）电路品质因数 Q 值的两种测量方法：

一种方法是根据公式 $Q = U_L/U_o = U_C/U_o$ 测定，U_C 与 U_L 分别为谐振时电容器 C 和电感线圈 L 上的电压；另一种方法是通过测量谐振曲线的通频带宽度 $\Delta f = f_2 - f_1$，再根据 $Q = f_0/(f_2 - f_1)$ 求出 Q 值。式中 f_0 为谐振频率，f_2 和 f_1 是失谐时，亦即输出电压的幅度下降到最大值的 $1/\sqrt{2}$（= 0.707）倍时的上、下频率点。Q 值越大，曲线越尖锐，通频带越窄，电路的选择性越好。在恒压源供电时，电路的品质因数、选择性与通频带只决定于电路本身的参数，而与信号源无关。

五、实验内容及步骤

（1）按图 3.18 组成监视、测量电路。先选用 C_1、R_1。用万用表的交流毫伏档测电压，用示波器监视信号源输出。令信号源输出电压 $U_i = 3$ V，$C = 0.01$ μF 并保持不变。

（2）找出电路的谐振频率 f_0，其方法是，将毫伏表接在 R（330 Ω）两端，令信号源的频率由小逐渐变大（注意要维持信号源的输出幅度不变），当 U_o 的读数为最大时，读得频率计上的频率值即为电路的谐振频率 f_0，并测量 U_C 与 U_L 之值，注意及时更换毫伏表的量程。

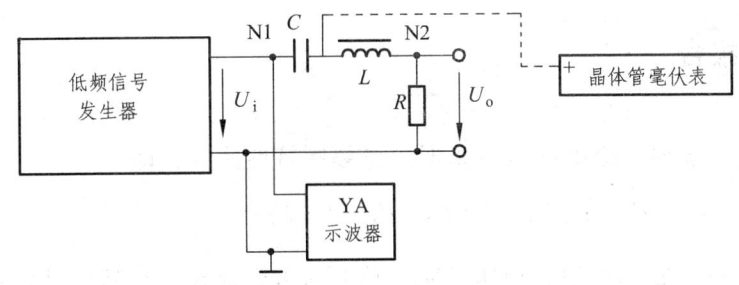

图 3.18 监视测量电路图

（3）在谐振点两侧，按频率递增或递减 500 Hz 或 1 kHz，依次各取 8 个测量点，逐点测出 U_o，U_L，U_C 之值，将数据记入表 3.9 中。

表 3.9 测量数据表（$R = 330$ Ω）

F/kHz									
U_o/V									
U_L/V									
U_C/V									
$U_i = 3$ V，$C = 0.01$ μF，$R = 330$ Ω，$f_0 =$ ，$f_2 - f_1 =$ ，$Q =$									

(4) 改变电阻值,重复步骤(2),(3)的测量过程,记入表3.10中。

表 3.10　测量数据表（$R = 2.2\ \text{k}\Omega$）

f/kHz											
U_o/V											
U_L/V											
U_C/V											

$U_\text{i} = 3\ \text{V}$，$C = 0.01\ \mu\text{F}$，$R = 2.2\ \text{k}\Omega$，$f_0 =$　　　，$f_2 - f_1 =$　　　，$Q =$

六、注意事项

(1) 测试频率点的选择应在靠近谐振频率附近多取几点。在变换频率测试前,应调整信号输出幅值(用示波器监视输出幅值)使其维持在 $U_\text{i} = 3\ \text{V}$。

(2) 测量 U_C 和 U_L 数值前,应将毫伏表的量限改大,而且在测量 U_L 与 U_C 时毫伏表的"+"端应接电容 C 与电感 L 的公共点。

七、实验报告

(1) 根据测量数据,绘出不同 Q 值时三条幅频特性曲线,即

$$U_\text{o} = F(f),\quad U_\text{L} = F(f),\quad U_C = F(f)$$

(2) 计算出通频带与 Q 值,说明不同 R 值时对电路通频带与品质因数的影响。

(3) 对两种不同的测 Q 值的方法进行比较,分析误差原因。

(4) 谐振时,比较输出电压 U_o 与输入电压 U_i 是否相等?试分析原因。

(5) 通过本次实验,总结、归纳串联谐振电路的特性。

八、思考题

(1) 电路发生串联谐振时,为什么输入电压不能太大,如果信号源给出 3 V 的电压,电路谐振时,用交流毫伏表测 U_L 和 U_C,应该选择用多大的量程?

(2) 要提高 R、L、C 串联电路的品质因数,电路参数应如何改变?

(3) 本实验在谐振时,对应的 U_L 与 U_C 是否相等?如有差异,原因何在?

实验六　三相交流电路

一、实验目的

（1）掌握三相电路中负载作星形连接和三角形连接的正确方法。
（2）验证三相电路中电压和电流的线值与相值的关系。
（3）了解不对称负载作星形连接时中线的作用。

二、实验仪器

（1）实验电路板 1 块。
（2）电压表、电流表各 1 只。

三、实验预习要求

（1）对于实际的三相负载，如何确定其连接方式？
（2）熟悉三相负载的连接方式及电路特点。

四、实验原理

三相电路中的电源和负载有对称和不对称两种情况。本实验研究三相电源是对称，而负载分别是对称和不对称的，按星形连接时电路的工作情况。

（一）三相电源

常用的三相电源有"三相 380 V"和"三相 220 V"两种规格。比如在三相四线制中，三相 380 V 电源是指线电压为 380 V，而相电压为 220 V；若是三相 220 V 电源，则线电压为 220 V，相电压为 127 V。

（二）三相负载

三相电路中负载的连接方式有星（Y）形连接和三角（△）形连接两种，星形连接时根据需要可以采用三相三线制或三相四线制供电，而三角形连接时只能用三相三线制供电。

1. 负载作 Y 形连接

负载作星形连接时,其连接方式如图 3.19 所示。

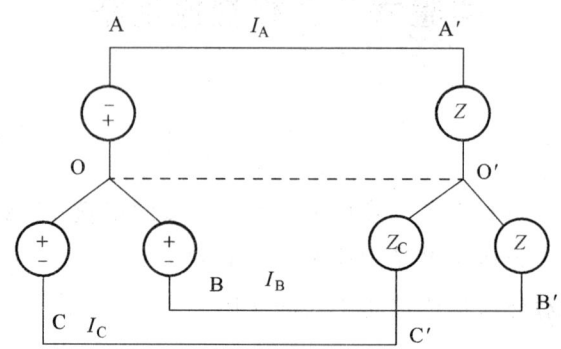

图 3.19 负载星形连接电路图

图中各相电流为

$$I_A = \frac{U_A}{Z_A}, \quad I_B = \frac{U_B}{Z_B}, \quad I_C = \frac{U_C}{Z_C}$$

1)对称负载作 Y 形连接

图 3.19 是负载作星形连接的情况,当线路阻抗忽略不计时,负载的线电压等于电源线电压,若负载对称则负载中点 O′和电源中点 O 之间的电压 $U_{OO'} = 0$,其中电压相量图如图 3.20 所示。此时负载的相电压对称,相电流也对称,所以对称负载情况下有无中线都能满足以下关系 $U_{线} = \sqrt{3} U_{相}$,$I_{线} = I_{相}$;若接中线,不管中线有无阻抗,都因 $U_{OO'} = 0$ 而使中线电流 $I_{OO'} = 0$。因此,对称负载作星形连接时,既可采用三相四线制,也可采用三相制,两种供制对于对称负载的工作情况无影响。

2)不对称负载作 Y 形连接

若三相不对称负载且无中线(即采用三相三线制的星形连接),这时负载的中性点 O′和电源中性点 O 不重合,即中性点发生位移,则 $U_{OO'} \neq 0$,其中电压相量如图 3.21 所示。

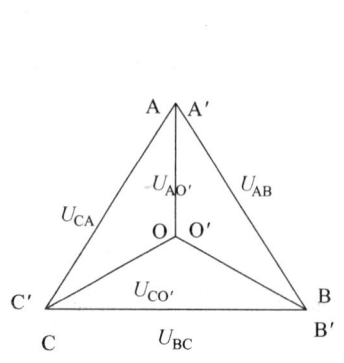

图 3.20 对称负载 Y 形连接向量图

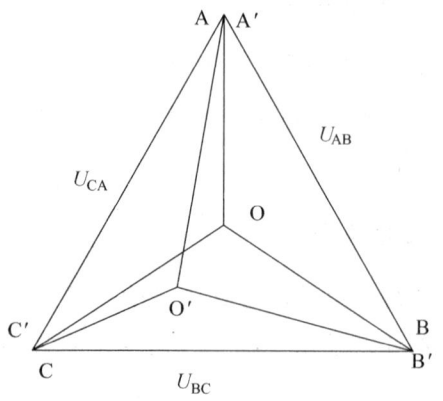

图 3.21 不对称负载 Y 形连接向量图

这时负载线电压虽然等于电源的线电压，但由于负载阻抗不对称，各相电压按其阻抗不同而重新分配，不再具有对称性，各相电压也不再满足 $U_{线} = \sqrt{3}\, U_{相}$ 的关系。由于不对称负载采用三相三线制的 Y 形连接使负载相电压不对称，因而，在负载不对称情况下要使各相负载都正常工作，必须接上中线（即采用三相四线制供电）。

因为接上中线后，若忽略阻抗，则 $U_{OO'} = 0$，这时负载各相电压才等于电源的相电压而保持对称。但必须注意：虽然接上中线后各负载的相电压相互对称了，但因为负载的阻抗不对称所以各相电流不对称，因而这时中线电流 $I_{OO'} \neq 0$。

综合上述，负载作 Y 形连接时，对于对称负载有无中线均可正常工作，而对于不对称负载必须采用三相四线制供电（即有中线）。

2. 负载作△形连接

负载作△形连接，如图 3.22 所示。

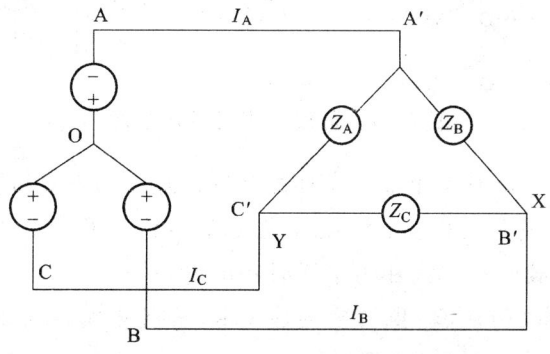

图 3.22　负载△形连接电路图

负载作△形连接，不论负载对称与否，其相电压等于线电压。$U_{相} = U_{线}$ 当负载对称时，其相电流也对称，相电流和线电流之间的关系：$I_{线} = \sqrt{3}\, I_{相}$。当三相负载不对称时，相电流也不对称，$I_{线} \neq \sqrt{3}\, I_{相}$。

五、实验内容与步骤

此次实验在交流电路板上进行，其面板布置如图 3.23 所示。

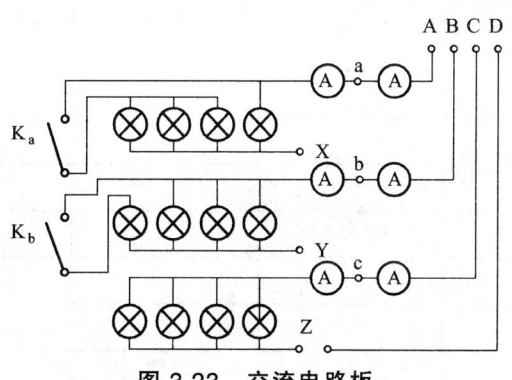

图 3.23　交流电路板

实验板上以白炽灯作负载,每相三个 220 V/25 W 的灯泡。其中两相的灯泡个数可以通过开关 K 控制。

由于负载的白炽灯泡,其额定电压为 220 V,为了在整个实验过程中保证灯泡电压不超过 220 V 的额定值,所以在实验中不管负载是 Y 形连接还是△形连接,都采用三相 220 V 电源(即线电压为 220 V,相电压为 127 V 的电源)供电。

(一)负载作 Y 形连接

在实验板上将负载作 Y 形连接,如图 3.24 所示。

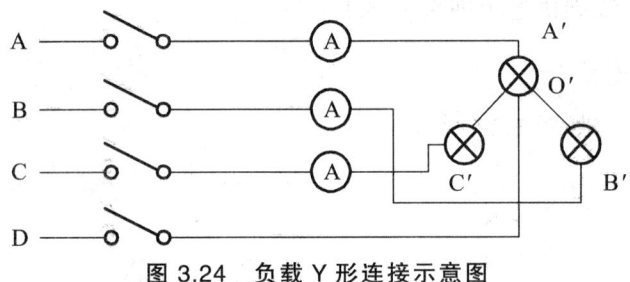

图 3.24 负载 Y 形连接示意图

(1)测量负载对称,有中线和无中线时各电量,并记入表 3.11 中。

闭合 K 则中线接入(在实验板上用短接线接通 OO'),断开 K 则中线去掉。

(2)测量不对称负载时有中线和去中线时各电量。

将 A 相负载的灯泡改为一盏(断开实验板上 K_A 开关来实现),将 B 相负载的灯泡改为二盏,测量过程中观察灯泡的高度变化。

表 3.11 负载 Y 形连接实验数据记录表

测量记录		负载对称 有中线	负载对称 无中线	负载不对称 有中线	负载不对称 无中线
线电压/V	U_{AB}				
	U_{BC}				
	U_{CA}				
相电压/V	U_A				
	U_B				
	U_C				
电流/A	I_A				
	I_B				
	I_C				
中线电流/A	I_O				
中点电压/V	$U_{OO'}$				
灯泡亮度					

（二）负载作△形连接

将实验板上的负载作△形连接，如图 3.25 所示。

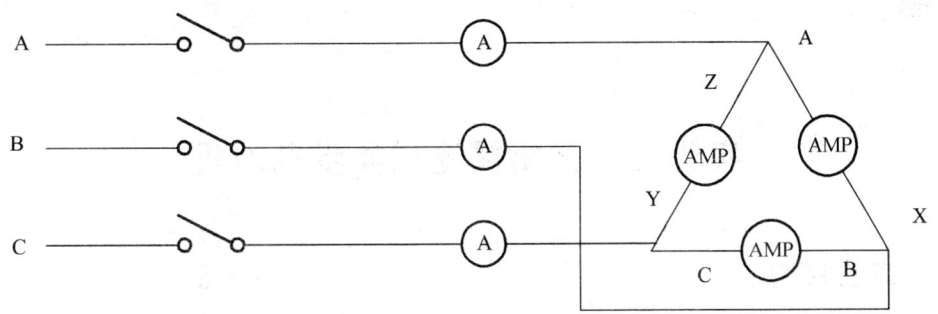

图 3.25　负载△形连接示意图

（1）测量对称负载时各电量，计入表 3.12 中。
（2）测量不对称负载时各电量，计入表 3.12 中。
其中，A 相：一个灯泡，B 相：两个灯泡，C 相：三个灯泡。

表 3.12　负载△形连接实验数据记录表

	相电压/V			线电流/A			相电流/A			灯泡亮度		
	U_{AB}	U_{BC}	U_{CA}	I_A	I_B	I_C	I_{AX}	I_{BY}	I_{CZ}	AX 相	BY 相	CZ 相
对称												
不对称												

六、注意事项

注意在实验板上 Y 形和△形如何连接。

七、实验报告要求

总结对称和不对称负载作 Y 形和△形连接时电压与相电压、线电压与相电压、线电流与相电流的关系。

八、思考题

负载为 Y 形连接时，中线的作用如何？在什么情况下必须有中线，在什么情况下可以不要中线？

实验七　三相鼠笼式异步电动机

一、实验目的

（1）了解三相鼠笼式异步电动机的结构和额定值。
（2）学习检查电机绝缘情况的方法。
（3）掌握三相鼠笼式异步电动机的启动和反转方法。
（4）连接和研究三相鼠笼式异步电动机的直接启动及正反转继电接触控制器线路，了解自锁和互锁触头的作用。
（5）熟悉交流接触器、热继电器、时间继电器和按钮的结构及其在控制电路中的作用。

二、实验仪器

（1）交流三相异步电动机 2 台。
（2）交流接触器 2 台。
（3）热继电器 2 台。
（4）兆欧表 1 只。
（5）交流电流表 1 只。
（6）三元件按钮盒 1 个。
（7）时间继电器 1 台。

三、实验预习要求

查阅相关资料，了解实验所用控制电路的工作原理，熟悉实验电路。

四、实验原理

三相鼠笼式异步电动机是目前应用最广的电动机，是基于定子与转子间的相互作用，把三相交流电能转换为机械能的旋转机械。

三相鼠笼式异步电动机主要由定子和转子两部分构成。定子有定子铁心和三相对称绕组，三相对称绕组有 6 根引出线，可以接成星形或三角形，然后与电源相连。转子有转子铁心和鼠笼式转子绕组，小容量电动机的转子绕组用铝液浇注而成，其冷却方式一般用扇冷式。三相鼠笼式异步电动机的外壳结构常用的有防护式和封闭式两种。

三相鼠笼式异步电动机的额定值在电动机外壳上的铭牌中标出，是正确使用电动机的主要依据。

电动机的定子绕组由包有绝缘物的导线组成，绝缘物使绕组对机壳及绕组与绕组间相互绝缘。在安装与使用电动机之前，一定要对电动机的绝缘情况进行检查。国家标准规定，额定电压为 500 V 以下的电机，采用 500 V 规格的兆欧表来测量绝缘电阻。一般中小型电机的绝缘电阻不得低于 0.5 MΩ，对家用电器的绝缘电阻要求更高，根据 IEC 标准及我国 1982 年制定的标准，规定洗衣机、电风扇等电机的绝缘电阻不应小于 2 MΩ。测量方法如图 3.26 所示。

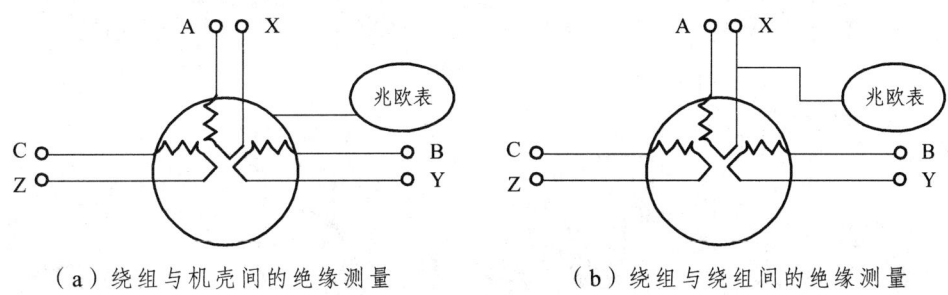

（a）绕组与机壳间的绝缘测量　　　　（b）绕组与绕组间的绝缘测量

图 3.26　绝缘测量接线图

三相鼠笼式异步电动机的启动方法有直接启动和降压启动两种。直接启动方法因启动电流大，只适用于小容量的电动机。图 3.27 为星形连接直接启动的线路图并测量启动电流和工作电流。

三相鼠笼式异步电动机的反转，只要将定子绕组与电源相接的三根引线的任意两根对调一下即可实现，如图 3.28 所示。

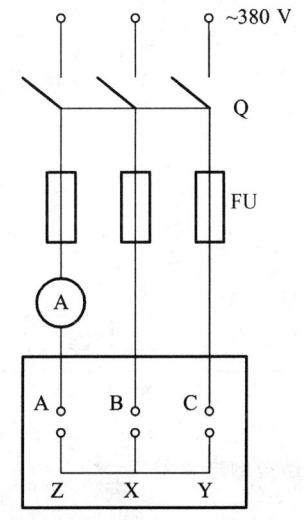 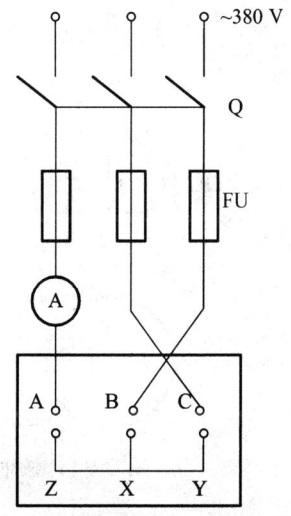

图 3.27　电动机直接启动接线图　　**图 3.28　电动机反转接线图**

继电接触器控制大量应用于对电动机的启动、停转、正反转、调速、制动等,从而使生产机械按规定的要求动作;同时,也能对电动机和生产机械进行保护。图 3.29 是电动机直接启动控制电路。图 3.30 是电动机正反转控制电路。图 3.31 是两台电动机按时间原则延时启动的控制电路。

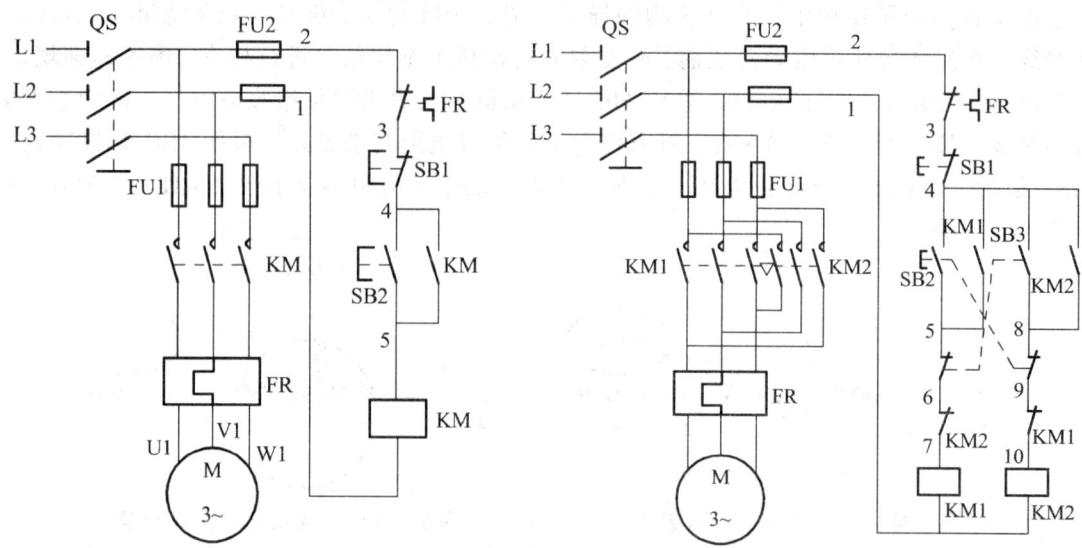

图 3.29　电动机直接启动原理图　　　　图 3.30　电动机直接正反转控制电路图

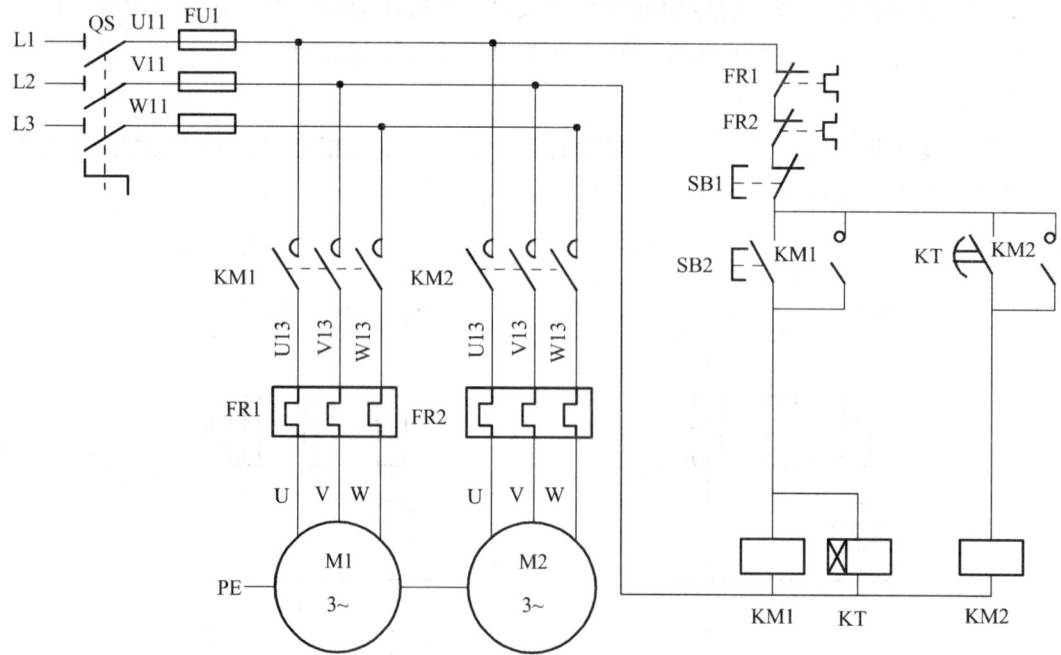

图 3.31　按时间原则延时启动控制电路图

五、实验内容和步骤

（1）记录仪器设备的型号规格和三相鼠笼异步电动机的铭牌数据。

（2）观察电动机、交流接触器、热继电器、时间继电器和按钮的外形结构，了解其工作原理。

（3）用 500 V 兆欧表按下表项目测量所测数据记于表 3.13 中。

表 3.13　绝缘参数数据表

绕组与壳间绝缘电阻/MΩ			各项绕组间绝缘电阻/MΩ		
A 相对壳	B 相对壳	C 相对壳	A 对 B	B 对 C	C 对 A

（4）三相鼠笼异步电动机的直接启动。

按图 3.27 接线，用开关 Q 直接启动。记录电路的最大值和空载运行电流值，同时注意电动机的旋转方向。

（5）三相鼠笼式异步电动机的反转。

在图 3.27 接线基础上，将其改接成图 3.28 所示情况，电动机仍为直接启动，观察电动机的旋转方向是否相反。

（6）单方向直接启动继电接触器控制。

① 按图 3.29 接好电路。

② 利用启动按钮和停止按钮分别控制电动机启动和停转，并观察接触器和电动机动作情况。

③ 切断电源，撤除控制中电路中的自锁触点（与按钮 SB2 并联的接触器触点），重复（2）并比较之。

（7）正反直接启动继电器控制。

按图 3.30 接好电路。操作正转启动按钮 SB2 电动机正转，然后按停止按钮 SB1 使电动机停转，再按反转按钮 SB3 使电动机反转，随后再按停止按钮 SB1 使电动机停转。

当按正转启动按钮 SB2 使电动机正转时，不按停止按钮 SB1，而直接按反转启动按钮 SB3，电动机并不反转。同样，在按反转启动按钮 SB3 时电动机反转时，不按停止按钮 SB1，而直接按正转启动按钮 SB2，电动机并不正转。从而领会联锁（互锁）触点的作用。

（8）按图 3.31 接好线路。合上开关 QS，按下启动按钮 SB2，同时观察两台电动机的启动顺序，加深对时间继电器工作情况和作用的理解。

六、注意事项

（1）实验中电压很高、接线换线和拆线前必须断开电源，防止发生触电事故。

（2）电动机转速很高，不要触碰其他转动部分。

七、实验报告要求

（1）通过实验，总结兆欧表测量电动机绝缘电阻的方法。
（2）通过实验，总结各项控制继电器在控制中起何作用。
（3）完成实验步骤里的相关表格。

八、思考题

自锁和联锁（互锁）有何作用？

第四章 模拟电路实验

实验一 二极管、三极管及稳压管特性的测试

一、实验目的

（1）了解晶体管图示仪的基本工作原理，掌握用图示仪测量晶体二极管、稳压管、晶体三极管的特性和主要参数的方法。
（2）掌握用万用表判断二极管、三极管的电极和性能的方法。

二、实验仪器

（1）DF4822型晶体管图示仪。
（2）数字式（或指针式）万用表。

三、实验预习要求

（1）阅读DF4822型晶体管图示仪使用说明。
（2）熟悉晶体管特性及测量原理。
（3）列出测量数据表格和注意事项。

四、实验原理

（一）晶体管图示仪的基本工作原理

晶体管图示仪主要由基极阶梯信号发生器、集电极扫描信号发生器、示波器、测试转换开关等组成，如图4.1所示。

示波器部分：由X轴放大器、Y轴放大器和示波管组成。其工作原理与普通示波器相同。

集电极扫描信号发生器：用于产生集电极扫描信号。它直接采用市电经全波整流后产生如图4.2（a）所示的半波正弦电压，以此作为被测管集电极扫描电压，其极性大小可以通过外部转换开关来改变。

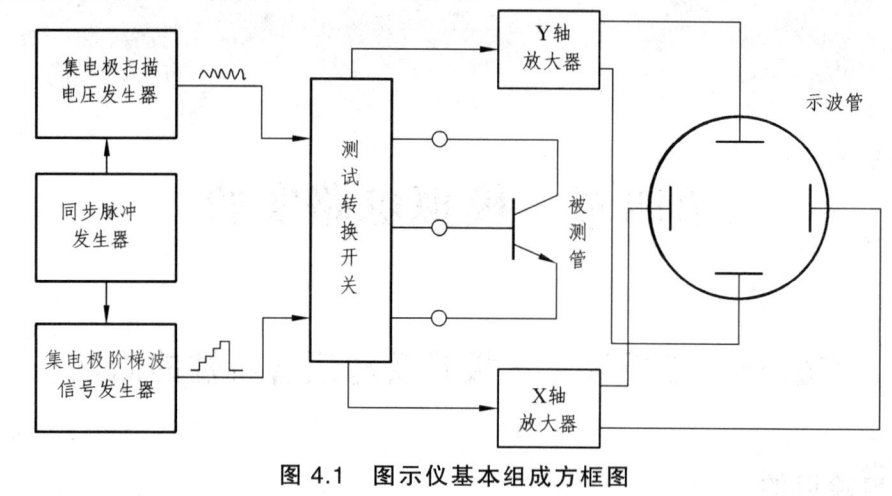

图 4.1　图示仪基本组成方框图

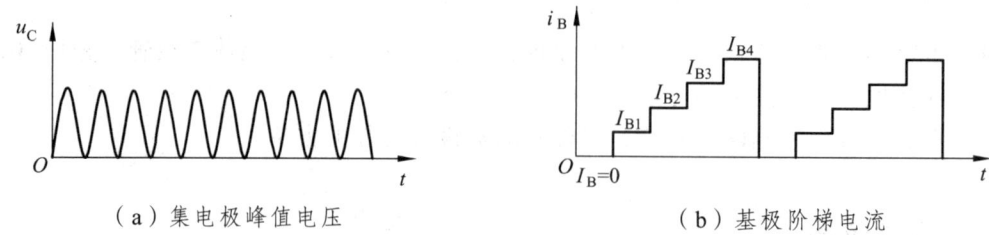

（a）集电极峰值电压　　　　　　　　（b）基极阶梯电流

图 4.2　集电极峰值电压和基极阶梯电流

基极阶梯信号发生器：用来产生阶梯信号，为被测管基极提供如图 4.2（b）所示的基极阶梯信号（基极电流或基极源电压）。由图可见，阶梯信号的跳变时间与集电极扫描电压的周期是一一对应的，其大小、极性可通过外部转换开关来改变，根据测试的要求以及所要显示的特性曲线簇确定。如测晶体管的输出特性时，X 轴为 u_{CE} 轴，所以水平偏转板上加与 u_{CE} 成正比的集电极扫描电压；Y 轴为 i_C 轴，所以垂直偏转板上加与 i_C 成正比的电压，同时以 I_B 为参变量，为此在基极上加相应的阶梯电流 I_B，在屏幕上显示如图 4.3 所示的输出特性曲线簇。

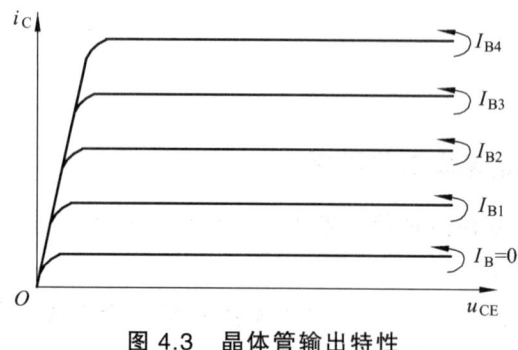

图 4.3　晶体管输出特性

将图 4.2 与图 4.3 比较可以看出：在每个集电极电压的扫描周期内，电子束在屏幕上完成正程与逆程各一次。由于扫描电压的上升与下降是一样的，故正程与逆程重合，特性曲线簇的各条曲线不是同时出现的，但由于荧光屏的余辉作用和人眼的视觉残留效应，只要扫描频率足够高,就会感觉到显示的各条曲线是同时存在的,改变阶梯信号的级数,可以显示不同根数的特性曲线簇。

(二) DF4822 型晶体管图示仪使用说明

(1) 阶梯调零旋钮:当测试三极管输出特性曲线时,若发现第一级曲线与零基线的距离不正常,可调节此旋钮使其正常。

(2) ⊓⌐ :用于选定基极电路的偏转值。

(3) 峰值电压调节旋钮:用于改变所加测量电压的大小,在 0~50 V、0~500 V 可调,在每次测试时先旋至最小值,然后逐渐增大;每次测试完毕,应回旋至最小值。

(4) 交替(AC)显示选择开关:用来显示器件(如二极管)的正反向特性曲线。

(5) 功耗电阻开关:选择不同的功耗电阻可以设定输出特性曲线的斜率。

(6) 电容平衡和辅助电平平衡调节旋钮:在小电流测量时此旋钮可改变输出特性曲线的显示特性;即用来减小容性电流,提高测量精度。

(7) 显示作用开关:用于调整显示的基准点。⊥即输出接地,表示输入为零的基准点。校正:输入一恒定的信号,达到校正的目的。注意,正常测试时,上述两按键不能按下。

(三) 晶体管图示仪使用前的调整

(1) 开启电源,预热 3 min。

(2) 示波管部分:调整 X 轴位移、Y 轴位移等旋钮,使荧光屏上光迹清晰可见。

(3) 检查 X 轴、Y 轴直流是否平衡。

(4) 检查 X 轴、Y 轴的灵敏度是否正常。

(5) 检查阶梯波是否正常。

(四) DF4822 型晶体管图示仪使用注意事项

(1) 使用前应检查仪器有关旋钮位置。测试选择开关置于"关",峰值电压旋钮调至零,然后才能插上被测晶体管进行测试。

(2) 根据被测晶体管的类型和接法(E 极接地或 B 极接地),选择开关位置。

(3) 根据需要测试的曲线,选择相应的开关和合适的量程。

(4) 在每次测试完成后,应将"峰值电压调节旋钮"调至最小处。

(五) DF4822 型晶体管图示仪的应用

1. 晶体二极管的测试

二极管的种类很多,按用途可分为整流管、开关管、检波管及稳压二极管等。不论哪种二极管,只要能在屏幕上显示出伏安特性曲线,就不难测出其各种参数。若要显示图 4.4 所示的伏安特性曲线,可以采用"交替(AC)"扫描的方式同时获得正反相特性曲线;也可以使 X 轴的扫描电压由正扫到负,分别测二极管的正向和反向伏安特性曲线。

1）二极管正向伏安特性曲线的测试

调整图示仪"X""Y"轴位移,使坐标原点在屏幕左下角位置,调"峰值电压"旋钮于零电压,将被测二极管按图4.5(a)的位置接在图示仪测试台"C""E"两端,面板各旋钮开关位置:"峰值电压范围"为0~50 V,"集电极扫描电压极性"为正(+),"功耗电阻"为适中,"X轴集电极电压"为0.1 V/div,"Y轴集电极电流"为1 mA/div。从零开始逐渐加大峰值电压,在屏幕上可得图4.5(b)所示的二极管正向伏安特性曲线。通过调节Y轴电流和集电极电压,配合特性曲线,即能测出二极管的正向特性曲线及各项具体参数。

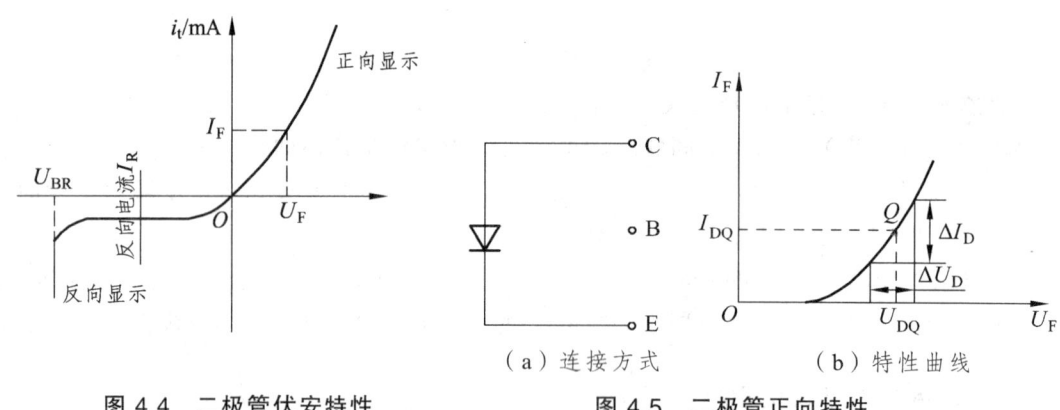

图4.4 二极管伏安特性　　　　图4.5 二极管正向特性

二极管的正向特性的主要参数有:

二极管的正向压降 U_{on}:指二极管给定工作电流时的电压值。

二极管的门坎电压 U_{th}:指二极管开始产生正向电流时所对应的电压值。

二极管的正向直流电阻 R_D:指给定工作电流处的电压与电流之比,如图4.5(b)所示Q点处的直流电阻。

二极管的正向交流电阻 r_d:指在给定电流处的ΔU_D与ΔI_D之比,$R_D = U_{DQ}/I_{DQ}$,如图4.5(b)所示,过Q点作曲线的切线,以此切线为斜边作一直角三角形,其两直角边分别是ΔU_D和ΔI_D,从而求得:$r_d = \Delta U_D/\Delta I_D$。

2)二极管反向特性的测试

测试前同样将X、Y轴坐标原点调至屏幕左下角,"集电极扫描电压极性"置于(-),峰值电压范围取0~500 V,"X轴集电极电压"置于10 V/div,"Y轴集电极电流"置于1 mA/div,"功耗电阻"置于适中(20 kΩ以上)。按图4.6(a)将二极管插入图示仪测试台,从零开始慢慢加大峰值电压,便能在图示仪屏上观察到如图4.6(b)所示的二极管的反向伏安特性曲线。

通过曲线,配合图示仪面板旋钮所指数值测出各项具体参数,二极管反向特性的主要参数有:

最高反向工作电压 U_R:指二极管不被反向击穿时的最高反向电压。通常取反向击穿电压的2/3或1/2的值。

反向击穿电压 U_{BR}:指反向击穿电压加大到某个值,反向电流迅速增大时,所对应的电压值如图4.6(b)所示。

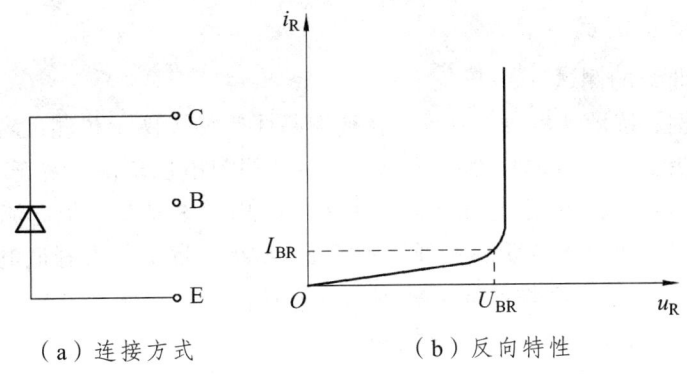

（a）连接方式　　　　　　（b）反向特性

图 4.6　二极管反向特性

最大反向电流 I_{BR}：指二极管加最高反向电压时的反向电流值。

2．稳压管的测试

由于稳压管是利用反向击穿特性而稳压的，因此只要能在屏幕上显示出稳压管的反向特性曲线，通过反向伏安特性曲线可直接测出稳压管的一些主要参数，测量的方法与一般二极管相同。

稳压二极管的主要参数有：

稳定电压 U_Z：指在正常电流 I_Z 时所对应的电压值，如图 4.7（b）所示，测试时按图 4.7（a）插入测试台。

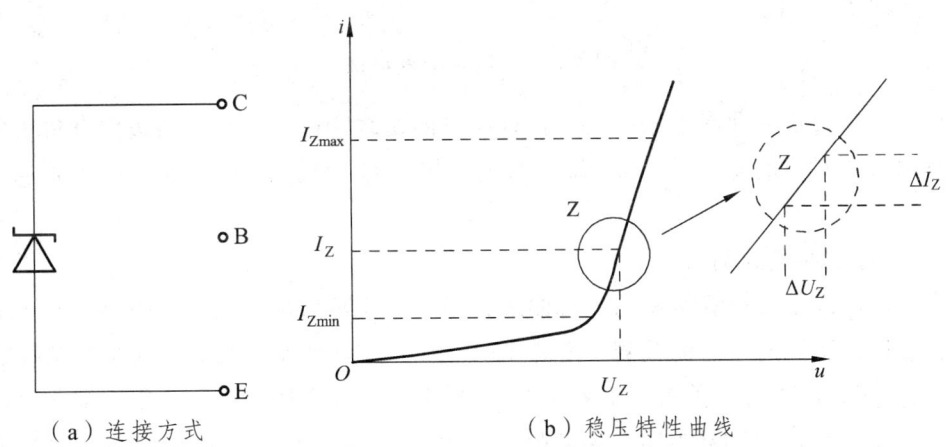

（a）连接方式　　　　　　（b）稳压特性曲线

图 4.7　稳压管稳压特性

最大稳定电流 I_{Zmax}：指稳压管刚离开稳压区所对应的电流，为了防止测试中损坏管子，应事先根据手册给出的耗散功率 P_Z 和 U_Z 求出 $I_{Zmax} \leqslant P_Z/U_Z$。

最小稳定电流 I_{Zmin}：指稳压管刚入稳压区所对应的反向电流。

动态电阻 r_z：指稳压管端电压的变化量与电流变化量的比值：$r_z = \Delta U_Z/\Delta I_Z$，$r_z$ 愈小，则稳压性能就愈好。其值一般为数十欧姆，测试方法与普通二极管的测试方法相同，"峰值电压范围"应选择 0～500 V，根据稳压管的反向伏安特性曲线求出上述各主要参数。

3. 晶体三极管的测试

1）输入特性曲线的测试

以 NPN 型为例,按图 4.8（a）所示,将被测晶体管插入图示仪测试台,面板各旋钮开关位置为:"集电极扫描电压的极性"置于（+）;"峰值电压范围"置于 0～50 V;"功耗电阻"为适中;"X 轴集电极电压"置于 U_{BE} 下取 0.1 V/div;"Y 轴集电极电流"置于 1 mA/div,"阶梯信号极性"置于（+）;"阶梯选择"置于 5 μA/级。逐渐加大峰值电压就可得到如图 4.8（b）所示的三极管输入特性曲线。根据输入特性曲线,可求出三极管共射接法时的交流输入电阻:$r_{be} = \Delta U_{BEQ}/\Delta I_{BQ}$。

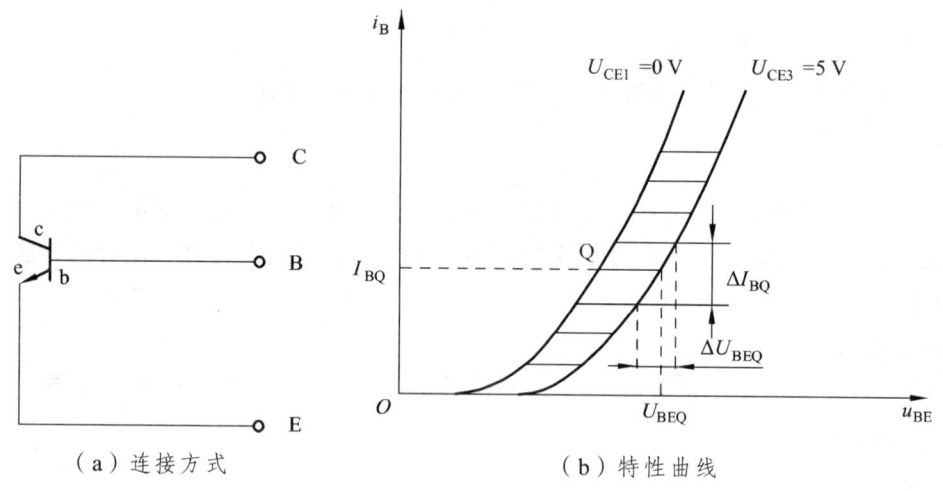

（a）连接方式 　　　　（b）特性曲线

图 4.8　三极管输入特性

测试方法:过输入曲线上某点 Q,作该曲线的切线,以此切线为斜边作直角三角形,读测两直角边所对应的 ΔU_{BE} 及 ΔI_B,即可求出工作点 Q 处的 r_{be} 值。对于不同的 i_B 有不同的 r_{be} 值。

2）输出特性曲线的测试

输出特性曲线是三极管常用的一簇曲线,很多重要参数都可以从中测出。同测三极管输入特性一样,测试前应分清被测管型是 PNP 型还是 NPN 型,是共射还是共基接法,仍以 NPN 型为例,面板各开关置于下列位置:"集电极扫描电压极性"为正（+）;"峰值电压范围"为 0～50 V;"功耗电阻"为适中;"Y 轴集电极电流"置于 1 mA/div,"X 轴集电极电压"置于 U_{CE} 下 1 V/div;"阶梯极性"为（+）;"阶梯选择"置于 50 μA/级。将被测晶体管按图 4.8（a）所示,接入图示仪的测试台。由零开始逐渐加大峰值电压,在屏幕上即能显示出如图 4.9 所示的输出性曲线。

根据特性曲线,配合图示仪面板上开关旋钮位置,便可求出三极管的共射直流放大系数 $\bar{\beta}$ 和共射交流放大系数 β:

$$\bar{\beta} = \frac{I_{CQ}}{I_{EQ}}\bigg|_{u_{CEQ}=\text{常数}}, \quad \beta = \frac{\Delta I_C}{\Delta I_B}\bigg|_{u_{CEQ}=\text{常数}}$$

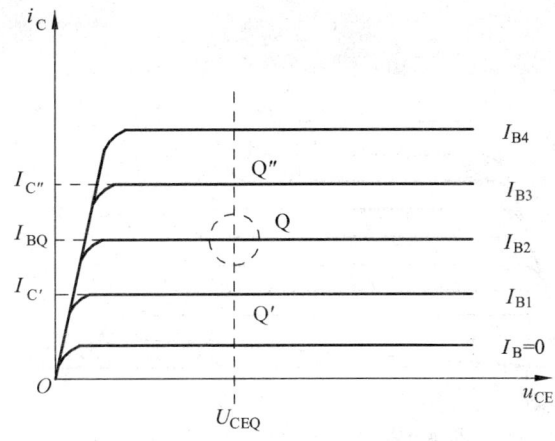

图 4.9 晶体管的输出特性

3）晶体管的 β 测试

以 NPN 型为例，将面板各开关置于下列位置："集电极扫描电压极性"为正（ + ）；"峰值电压范围"为 0 ~ 50 V；"功耗电阻"为适中；"X 轴基极电流"为 0.01 mA/div，"Y 轴集电极电流"为 1 mA/div，"阶梯极性"为（ + ）；"阶梯选择"置于 10 μA/级。将被测晶体管按图 4.10 所示接入图示仪的测试台。由零开始逐渐加大峰值电压，在屏幕上即能显示出如图 4.11 所示的输出特性曲线，由 I_C 与 I_B 关系曲线即可求出 β 值。

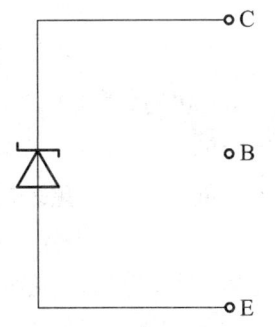

图 4.10 测量 β 值的接法

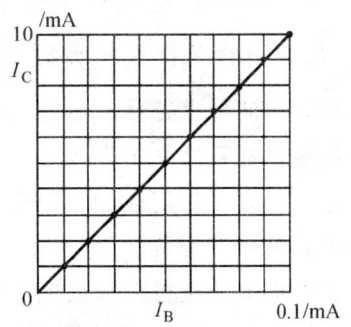

图 4.11 I_C 与 I_B 关系曲线

4）击穿电压 $U_{(BR)CEO}$ 的测试

将被测管的基极与测试台的"B"端断开，其他控制开关与测输出特性曲线相同，逐渐加大"峰值电压"直至被测管击穿为止，如图 4.12 曲线所示，用 X 轴灵敏度配合屏上坐标的格数可求出 $U_{(BR)CEO}$ 值。

5）穿透电流 I_{CEO} 的测试

将被测管基极与测试台"B"端断开，其他控制开关与测输出特性曲线相同，由屏上显示的输出特性曲线的坐标和 Y 轴灵敏度指示值及其倍率可求出 I_{CEO} 的值。

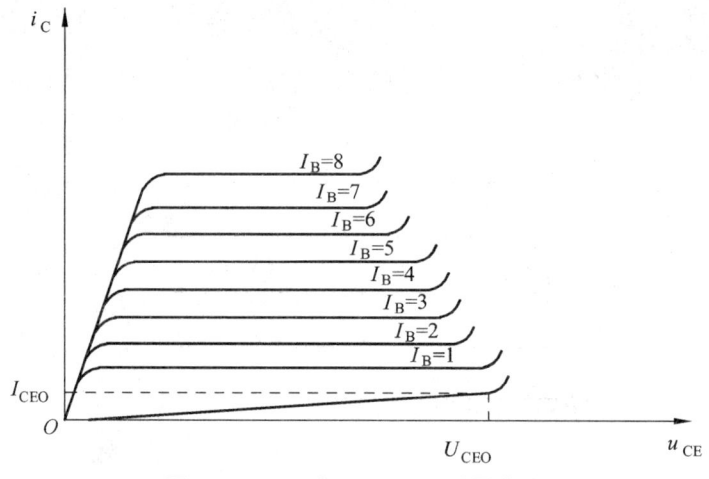

图 4.12 I_{CEO} 和 $U_{(BR)CEO}$ 测量曲线

4. 测试说明

测反向击穿电压时，调峰值电压旋钮必须小心谨慎，以防管子损坏。一般情况下，只要击穿电压大于出厂指标即可，测击穿时的峰值电压不宜拖延时间，以防管子损坏。集电极各扫描旋钮及基极阶梯信号的"极性""毫安/级""伏/级""功耗电阻"等不能随便调节，要视被测管的极限值而定，否则容易损坏管子及仪器，应特别注意。

（六）用万用表检查晶体管

1. 用万用表判断二极管的质量与极性

根据二极管单向导电特性、通过万用表电阻档量程"×100"或"×1k"，分别用红表笔与黑表笔接触二极管的两个电极，表笔经过两次对二极管的交换测量，若测量的结果电阻有明显的差异，则可认定被测二极管是好的。测量结果呈低电阻时，黑表笔所接电极为二极管的正极，另一端为负极。

因万用表内部电池正极接黑表笔，而电池负极接红表笔，所以黑表笔带正电压，红表笔带负电压。实际上，正、反向电阻不仅与被测管有关，还与万用表型号有关。若"$R \times 1k$"档的欧姆中心值不同，虽然电池电压均为 1.5 V，向二极管提供的电流却不相等，反映的电阻值就有一定的差异，若选择"$R \times 100$"档或"$R \times 1$"档，则电阻档越低，向被测管提供的电流越大，测出的电阻值越小。

2. 用万用表判断三极管的电极与质量

（1）判断晶体三极管基极 b。如图 4.13 所示，以 NPN 型晶体三极管为例，用黑表笔接某一个电极，红表笔分别接触另外两个电极，若测量结果阻值都较大，交换表笔继续测量，若测量结果阻值都较小，则可断定第一次测量中黑表笔所接电极为基极；反之，测量结果阻值一大一小相差很大，则证明第一次测量中黑表笔接的不是基极，应更换其他电极重测。

（2）判断晶体三极管发射极 e 和集电极 c。确定三极管基极 b 后，再测量 e、c 极间的电阻，然后交换表笔重测一次，两次测量的结果应不相等，其中电阻值较小的一次为正常接法，正常接法对于 NPN 型管，红表笔接的是 e 极，黑表笔接的是 c 极，对于 PNP 管，黑表笔接的是 e 极，而红表接的是 c 极。注意事项：按正常接法 c、e 极间通过的电流较大，测出的电阻值就小，由于管子内部结构是不对称的，表笔若反接，测出的电阻值就大。另外，若 c、e 极判断错误，则接入电路后放大倍数会明显降低。由于三极管的 $U_{(BR)CEO}$ 比 $U_{(BR)CBO}$ 要小得多，故若 c、e 极判断错误，则电路中使用时 β 值大大下降且很容易将发射结击穿。

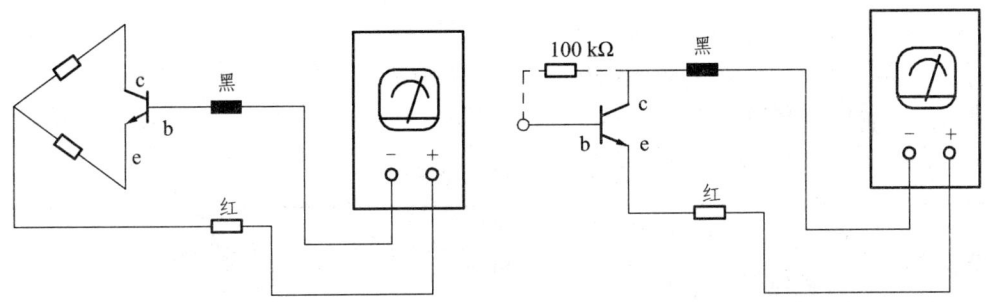

图 4.13　用万用表判断晶体管基极　　　图 4.14　用万用表估测 β 和 I_{CEO}

（3）估测晶体三极管电流放大系数 β。估测三极管电流放大系数的连线图，如图 4.14 所示，在三极管 b、c 间接入电阻 $R_b = 100\ \text{k}\Omega$，分别测出 $R_b = \infty$ 和 $R_b = 100\ \text{k}\Omega$ 时，c、e 极间电阻值变化的大小来判断 β 的大小，对于 PNP 型管，将表笔交换位置测法相同。

（4）估测穿透电流 I_{CEO} 的大小。按图 4.14 将基极断路时测量 c、e 极间电阻，如测量结果电阻值较大（几千欧），则证明 I_{CEO} 较小，管子能正常工作，对于 PNP 管则调换表笔位置，测法相同。

（5）用万用表判别三极管类型。若已知红表笔所接的是基极，而黑表笔分别接触另外两个电极，两次测得的电阻都较大，证明是 NPN 管；反之则可判定是 PNP 管。

五、实验内容及步骤

（1）利用万用表判断二极管（如 2AP6、2CP21）的电极、正向电阻、反向电阻，三极管（如 3DG6、3AX31）的类型、电极、材料及放大能力。填入表 4.1、表 4.2。

表 4.1　二极管参数测量

二极管型号	万用表档位	正向电阻	反向电阻	制造材料

表 4.2 三极管参数测量

三极管型号	万用表档位	三极管类型	h_{FE}值	发射结电阻（正/反）	集电结电阻（正/反）	制造材料

（2）利用晶体管图示仪测量二极管（如 2AP6、2CP21）、稳压二极管（如 2CW15）的正向特性、反向特性，画出观察到的曲线，并在曲线上标明门限电压，最大反向工作电压、稳压二极管的稳定电压，并将测试结果与手册上的参数值（参见表 4.3 ~ 表 4.5）进行比较。

（3）测试低频小功率管（如 3DG6、3AX31）的输入、输出特性、电流放大系数 β、穿透电流 I_{CEO}、反向击穿电压 $U_{(BR)CEO}$ 及输入电阻。对两种管型所测结果进行比较。

表 4.3 普通二极管参数

型号	最大整流电流 I_M	最大整流电流时的正向压降 U_D	最高反向工作电压 U_R	反向电流 I_R	用途
2AP6	12 mA		100 V	U_R = 100 V 时 ≤ 25 μA	检波
2CP21	300 mA	≤ 1 V	100 V	U_R = 250 V 时 ≤ 250 μA	整流

表 4.4 硅稳压管参数特性

型号	稳定电压 U_Z/V	稳定电流 I_{min}/mA	最大稳定电流 I_{max}/mA	动态电阻 R_Z/Ω	耗散功率 P/mW
2CW15	7.0 ~ 8.5	10	29	≤ 10	200
2CW7	5.8 ~ 6.6	10	30	≤ 25	250

表 4.5 晶体三极管特性参数

型号	参数名称	直流参数			极限参数			
		I_{CBO}/μA	I_{CEO}/μA	h_{FE}	BU_{CBO}	BU_{CEO}	I_{CM}/mA	P_{CM}/mA
3AX31B	参数值	≤ 10	≤ 750	50 ~ 150	≥ 30	≥ 18	≥ 10	
	测试条件	U_{CB} = −6 V	U_{CK} = −6 V	U_{CE} = −6 V I_C = 100 mA	I_C = 1 mA	I_C = 1 mA		
3DG6X	参数值	≤ 0.01	≤ 0.01	30 ~ 200	≥ 45	≥ 20	20	100
	测试条件	U_{CB} = 10 V	U_{CE} = 10 V	U_{CE} = 10 V I_C = 3 mA	I_C = 0.1 mA	I_C = 0.2 mA		

六、注意事项

（1）注意二极管的正、负极和三极管的三个管脚。
（2）注意测量时万用表的正负极及量程范围。
（3）注意电路中电源的正、负及数值大小。

七、实验报告与要求

（1）记录数据并填写相应表格。
（2）绘出晶体管的特性曲线。

八、思考题

（1）DF4822型晶体管图示仪的阶梯信号在仪器中起什么作用？
（2）"功耗电阻"在测试中起什么作用？为保证被测管的安全，应注意哪些事项？
（3）普通二极管和稳压二极管工作方式有何不同？它们有哪些主要参数，怎样定义？
（4）晶体三极管的主要参数有哪些？怎样定义？

实验二　单管放大电路

一、实验目的

（1）学会放大器静态工作点的调试方法。
（2）掌握放大器电压放大倍数、输入电阻、输出电阻的测试方法。
（3）了解负载电阻 R_L 对放大倍数的影响。
（4）通过实验了解引起放大电路失真的各种原因。

二、实验仪器

（1）双踪示波器1台。
（2）数字万用表1台。
（3）函数信号发生器1台。
（4）模拟电路实验箱1台。

三、实验预习要求

（1）阅读教材中有关单管放大器的内容，根据实验电路的参数，估算单管放大器的静态工作点和电压放大倍数（假设3DG6的 $\beta = 100$，$R_{B1} = 20 \text{ k}\Omega$，$R_{B2} = 60 \text{ k}\Omega$，$R_C = 2.4 \text{ k}\Omega$，$R_L = 2.4 \text{ k}\Omega$）。

（2）能否用直流电压表直接测量晶体管的 U_{BE}？为什么实验中要采用测 U_B、U_E，再间接算出 U_{BE} 的方法？

（3）测试中，如果将函数信号发生器、交流毫伏表、示波器中任一仪器的两个测试端子接线换位（即各仪器的接地端不再连在一起），将会出现什么问题？

四、实验原理

单管放大器是放大电路中的基本环节，它既有电流放大，又有电压放大。研究影响放大倍数的因素和输出波形不失真的条件，是了解放大器能否正常工作的两个重要内容。图 4.15 为分压式共射极单管放大器实验电路。

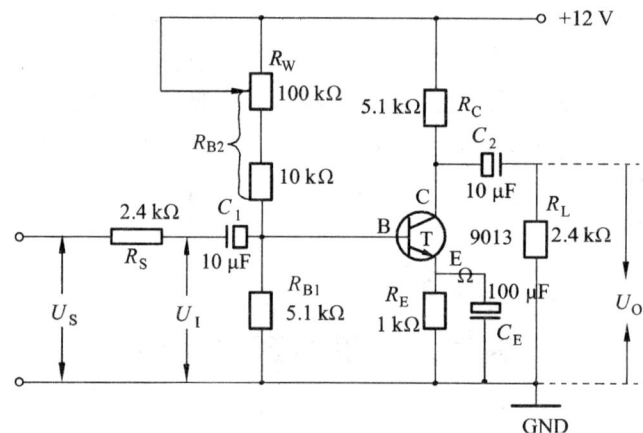

图 4.15　共射极单管放大器实验电路图

（一）静态工作点的调试

放大器静态工作点的调试是指对三极管集电极电流 I_C（或电压 U_{CE}）的调整与测试。静态工作点是否合适，对放大器的性能和输出波形都有很大影响。若工作点偏高，放大器在加入交流信号以后易产生饱和失真，此时 U_o 的负半周将被削底，如图 4.16（a）所示；若工作点偏低则易产生截止失真，即 U_o 的正半周被缩顶（一般截止失真不如饱和失真明显），如图 4.16（b）所示。在放大器的输入端加入一定的输入电压 U_i，观察输出电压 U_o 的大小和波形是否失真。若失真，则应调节静态工作点的位置。

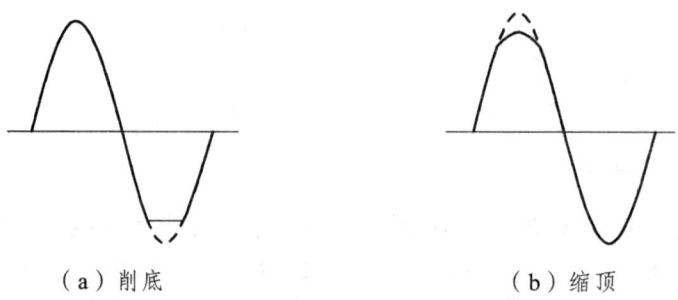

（a）削底　　　　　　　　　（b）缩顶

图 4.16　静态工作点对 U_o 波形失真的影响

改变电路参数 U_{CC}、R_C、R_B（R_{B1}、R_{B2}）都会引起静态工作点的变化，但通常多采用调节上偏置电阻 R_{B2} 的方法来改变静态工作点。

最后还要说明的是，上面所说的工作点"偏高"或"偏低"不是绝对的，应该是相对信号幅度而言，如需满足较大信号幅度的要求，静态工作点最好尽量靠近交流负载线的中点。

（二）放大器动态指标测试

放大器动态指标包括电压放大倍数、输入电阻、输出电阻、最大不失真输出电压（动态范围）和通频带等。

1. 电压放大倍数 A_u 的测量

调整放大器到合适的静态工作点，加入输入电压 U_i，在输出电压 U_o 不失真的情况下，用交流毫伏表测出有效值 U_i 和 U_o，则电压放大倍数为

$$A_u = \frac{U_o}{U_i}$$

2. 输入电阻 R_i 的测量

测量放大器输入电阻的电路如图 4.17 所示，在被测放大器的输入端与信号源之间串入一已知电阻 R_S，在放大器正常工作的情况下，用交流毫伏表测出 U_S 和 U_i，则根据输入电阻的定义可得

$$R_i = \frac{U_i}{I_i} = \frac{U_i}{\frac{U_R}{R_S}} = \frac{U_i}{U_S - U_i} R_S$$

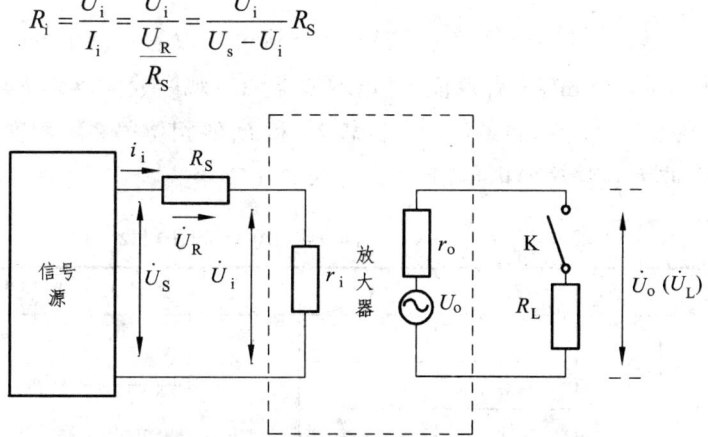

图 4.17 输入、输出电阻测量电路图

3. 输出电阻 R_o 的测量

测量放大器输出电阻 R_o 的电路如图 4.17 所示，在放大器正常工作条件下，测出输出端不接负载的输出电压 U_o 和接入负载 R_L 后的输出电压 U_L，根据

$$U_L = \frac{R_L}{R_o + R_L} U_o$$

即可求出
$$R_o = \left(\frac{U_o}{U_L} - 1\right) R_L$$

五、实验内容及步骤

（一）方案一

实验电路如图 4.15 所示。在实验过程中为防止干扰，各仪器与放大器的公共地端必须连在一起。

1. 调试静态工作点

按图 4.15 连接电路，接通 +12 V 电源，调节 R_W，使集电极对地电位 $V_C = 6$ V，用直流电压表分别测量放大器 U_B、U_E、U_C 值，计算 U_{BE}、U_{CE} 及集电极电流 I_C，记入表 4.6 中。

表 4.6 放大器参数表

测 量 值			计 算 值		
U_B/V	U_E/V	U_C/V	U_{BE}/V	U_{CE}/V	I_C/mA

2. 测量电压放大倍数，并观察负载 R_L 对电压放大倍数的影响

给放大器输入频率 $f = 1$ kHz 的正弦信号 U_S，调节函数信号发生器的输出信号幅度，使放大器输入电压 $U_S = 30$ mV（有效值），用示波器同时观察放大器输入电压 U_i 波形和输出电压 U_o 波形，在波形不失真的条件下，比较 U_o 和 U_i 的相位关系，用交流电压表测量下述三种负载情况下放大器的输出电压值 U_o，记入表 4.7 中。

表 4.7 $U_C = 6$ V，$U_S = 100$ mV，$f = 1$ kHz

R_L/kΩ	U_S	U_i	U_o/V	A_u	观察记录一组 U_o 和 U_i 波形
∞					
5.1					
2.4					

3. 观察静态工作点对输出电压波形失真的影响

在 $R_L = \infty$ 的情况下，按表 4.8 给出的条件，用示波器同时观察输入、输出波形，了解放大器静态工作点及输入信号对波形失真的影响，记录输出波形。分析放大器的工作状态，测量此时的电压 U_C（Q 点），写出波形失真名称。

表 4.8 $R_L = \infty$ 时放大器情况

测试条件	U_o 波形	Q 点 U_C/V	失真类型	放大器工作状态
$U_S = 30$ mV，R_w 逆时针调到 U_o 出现失真				
$U_S = 30$ mV，R_w 顺时针调到 U_o 出现失真				
调节 R_w，使 $U_C = 6$ V，加大输入 U_i，使 U_o 上下同时失真				

4. 计算输入电阻 R_i 和输出电阻 R_o

在 $R_L = 2.4$ kΩ，$U_C = 6$ V，输入信号为 $f = 1$ kHz，$U_S = 30$ mV 的正弦信号条件下，利用表 4.2 所测量的数据，计算输入电阻 R_i 和输出电阻 R_o，记入表 4.9 中。

表 4.9 $U_C = 6$ V，$R_L = 2.4$ kΩ，$R_S = 2.4$ kΩ

$R_i = \left(\dfrac{U_i}{U_S - U_i}\right) R_S$	$R_o = \left(\dfrac{U_o}{U_L} - 1\right) R_S$

（二）方案二

给定三极晶体管 3DG6、电源电压 $V_{CC} = 12$ V，电阻、电容若干。自行设计一单管放大器，要求该放大器的放大倍数 $A_u \geq 20$ 倍、输入电阻 $R_i \geq 5$ kΩ、输出电阻 $R_o \leq 2.4$ kΩ。要求先将实验方案在仿真软件上进行仿真，仿真通过以后再进行实际电路的接线。

六、注意事项

（1）注意静态工作点的参数确定。
（2）注意电路的正确连接。
（3）注意参数测量方法。

七、实验报告与要求

（1）列表整理测量结果，并把电压放大倍数、输入电阻、输出电阻计算值填入各表中，写出计算过程。
（2）总结 R_L 对放大器电压放大倍数的影响。
（3）讨论静态工作点的变化对放大器输出波形的影响。
（4）分析讨论放大器在调试、测试过程中出现的问题。

八、思考题

（1）能否用直流电压表直接测量晶体管的 U_{BE}？为什么实验中要采用测 U_B、U_E，再间接算出 U_{BE} 的方法？

（2）测试中，如果将函数信号发生器、交流毫伏表、示波器中任一仪器的两个测试端子的接线换位（即各仪器的接地端不再连在一起），将会出现什么问题？

实验三　差动放大器

一、实验目的

（1）掌握基本差动放大器的工作原理、工作点的调试和主要性能指标的测试。
（2）熟悉恒流源差动放大器的工作原理及主要性能指标的测试。

二、实验仪器

（1）双踪示波器 1 台。
（2）数字万用表 1 台。
（3）函数信号发生器 1 台。
（4）模拟电路实验箱 1 台。

三、实验预习要求

（1）根据实验电路的参数，估算典型差动放大器和具有恒流源的差动放大器的静态工作点及差模电压放大倍数（取 $\beta_1 = \beta_2 = 100$）。
（2）测量静态工作点时，放大器输入端 A、B 与地应如何连接？
（3）实验中怎样获得双端和单端输入差模信号？怎样获得共模信号？

四、实验原理

图 4.18 所示电路为具有恒流源的差动放大器，其中晶体管 T_1、T_2 称为差分对管，它与电阻 R_{B1}、R_{B2}、R_{C1}、R_{C2} 及电位器 R_W 共同组成差动放大的基本电路。其中 $R_{B1} = R_{B2}$，$R_{C1} = R_{C2}$，R_W 为调零电位器，若电路完全对称，静态时，R_W 应处于中点位置；若电路不对称，应调节 R_W，使 U_o 两端静态时的电位相等。

晶体管 T_3 与电阻 R_{E3}、R_2、R_1 共同组成镜像恒流源电路，为差动放大器提供恒定电流 I_0。R_3 和 R_4 为均衡电阻，且 $R_3 = R_4$，给差动放大器提供对称的差模输入信号。

由于电路参数完全对称,当外界温度变化,或电源电压波动时,对电路的影响是一样的,因此差动放大器能有效抑制零点漂移。

(一)差动放大电路的输入输出方式

如图 4.18 所示电路,根据输入信号和输出信号的不同方式可以有四种连接方式。

(1)双端输入-双端输出:将差模信号加在 U_{iA}、U_{iB} 两端,输出取自 U_o 两端。

(2)双端输入-单端输出:将差模信号加在 U_{iA}、U_{iB} 两端,输出取自 U_{C1} 或 U_{C2} 到地信号。

(3)单端输入-双端输出:将差模信号加在 U_{iA} 上,U_{iB} 接地(或 U_{iA} 接地而信号加在 U_{iB} 上),输出取自 U_o 两端。

(4)单端输入-单端输出:将差模信号加在 U_{iA} 上,U_{iB} 接地(或 U_{iA} 接地而信号加在 U_{iB} 上),输出取自 U_{C1} 或 U_{C2} 到地信号。

连接方式不同,电路的性能参数不同。

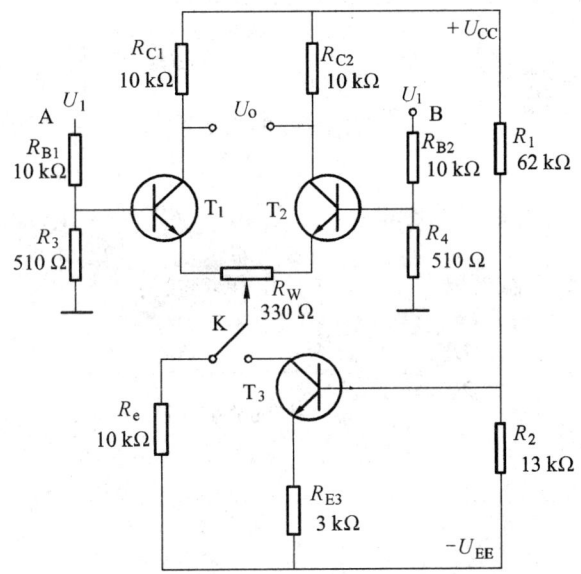

图 4.18 长尾式和恒流源差动放大器

(二)静态工作点的计算

静态时差动放大器的输入端不加信号,在忽略 T_3 基极电流的情况下,由恒流源电路得

$$U_{R2} = \frac{R_2}{R_1 + R_2}(V_{CC} + |V_{EE}|)$$

$$I_{C3} \approx I_{E3} = \frac{U_{R2} - 0.7 \text{ V}}{R_{E3}}$$

差动放大器中的 T_1、T_2 参数对称,则

$$I_{C1} = I_{C2} = I_{C3}/2$$

$$U_{C1} = U_{C2} = V_{CC} - I_{C1}R_{C1} = V_{CC} - \frac{I_{C3}R_{C1}}{2}$$

$$r_{be} = 300\ \Omega + (1+\beta)\frac{26\ \text{mV}}{I_{C1}} = 300\ \Omega + (1+\beta)\frac{26\ \text{mV}}{I_{C3}/2}$$

（三）差动放大器的重要指标计算

1. 模放大倍数 A_{ud}

由分析可知，差动放大器在单端输入或双端输入，它们的差模电压增益相同。但是，要根据双端输出和单端输出分别计算。

设差动放大器的两个输入端输入两个大小相等，极性相反的信号 $U_{id} = U_{id1} - U_{id2}$。

双端输入-双端输出时，差动放大器的差模电压增益为

$$A_{ud} = \frac{U_{od}}{U_{id}} = \frac{U_{od1} - U_{od2}}{U_{id1} - U_{id2}} = A_{ui} = \frac{-\beta R_L'}{R_{B1} + r_{be} + (1+\beta)\frac{R_{W1}}{2}}$$

式中，$R_L' = R_C // \frac{R_L}{2}$，$A_{ui}$ 为单管电压增益。

双端输入-单端输出（输出取自 U_{C1}）时，电压增益为

$$A_{ud1} = \frac{U_{od1}}{U_{id}} = \frac{U_{od1}}{2U_{id1}} = \frac{1}{2}A_{ui} = \frac{-\beta R_L'}{2\left[R_{B1} + r_{be} + (1+\beta)\frac{R_{W1}}{2}\right]}$$

式中，$R_L' = R_C // R_L$。

2. 共模放大倍数 A_{uc}

设差动放大器的两个输入端同时加上大小相等、极性相同的两相同信号即 $U_{ic} = U_{i1} = U_{i2}$。单端输出的共模电压增益为

$$A_{uc1} = \frac{U_{OC1}}{U_{iC}} = \frac{U_{OC2}}{U_{iC}} = A_{uc2} = \frac{-\beta R_L'}{R_{B1} + r_{be} + (1+\beta)\frac{R_{W1}}{2} + (1+\beta)R_e'} \approx \frac{R_L'}{2R_e'}$$

式中，R_e' 为恒流源的交流等效电阻（$R_e' \gg R_L'$），则共模电压增益 $A_{uc} < 1$，在单端输出时，共模信号得到了抑制。

双端输出时，在电路完全对称情况下，则输出电压 $A_{OC1} = U_{OC2}$，共模增益为

$$A_{uc} = \frac{U_{OC1} - U_{OC1}}{U_{iC}} = 0$$

上式说明，双端输出时，对零点漂移，电源波动等干扰信号有很强的抑制能力。

3. 共模抑制比 K_{CMR}

差动放大电器性能的优劣常用共模抑制比 K_{CMR} 来衡量，即

$$K_{CMR} = \left|\frac{A_{ud}}{A_{uc}}\right| \text{ 或 } K_{CMR} = 20\lg\left|\frac{A_d}{A_c}\right| \quad (\text{dB})$$

单端输出时，共模抑制比为

$$K_{CMR} = \frac{A_{ud1}}{A_{uc}} = \frac{\beta R'_e}{R_{B1} + r_{be} + (1+\beta)\frac{R_{W1}}{2}}$$

双端输出时，共模抑制比为

$$K_{CMR} = \left|\frac{A_{ud}}{A_{uc}}\right| = \infty$$

五、实验内容及步骤

（1）对照实验原理图（见图 4.18）正确连接实验电路：$+V_{CC}$ 接 +12 V 电源，$-V_{EE}$ 接 –12 V 电源，用固定电阻 $R_E = 10\ \text{k}\Omega$ 代替恒流源电路，即将 R_E 接在 V_{EE} 和 R_W 中间触点插孔之间组成长尾式差动放大电路，这样实验电路连接完毕。

（2）调整静态工作点。

不加输入信号，将输入端 U_{iA}、U_{iB} 两点对地短路。再用万用表直流档分别测量差分对管 T_1、T_2 的集电极对地的电压 U_{C1}、U_{C2}，如果 $U_{C1} \neq U_{C2}$ 应调整 R_W 使满足 $U_{C1} = U_{C2}$。然后分别测 U_{C1}、U_{C2}、U_{B1}、U_{B2}、U_{E1}、U_{E2} 的电压，记入自制表中。

（3）测量差模放大倍数 A_{ud}。

将 U_{iB} 端 U_{iA} 端输入大小相同、相位相反的直流信号，用万用表直流档分别测量 U_{C1}、U_{C2}、U_O、U_{R5} 并计算出双端输出的差模放大倍数 A_{ud} 和单端输出的差模放大倍数 A_{ud1} 或 A_{ud2}。记入表 4.10 中。

表 4.10 测试数据表（U_{iB} 端 U_{iA} 端输入反向等值信号）

	0 V	0.2 V	0.4 V	0.6 V	A_d
U_i					
U_o					
U_{C1}					
U_{C2}					
U_{R5}					

将 U_{iB} 端接地，从 U_{iA} 端输入，将数据记录于表 4.11 中。

表 4.11 测试数据表（U_{iB} 端接地，U_{iA} 端输入）

U_i	0 V	0.2 V	0.4 V	0.6 V	A_d
U_o					
U_{C1}					

（4）测量共模放大倍数 A_{uc}。

将输入端 U_{iA}、U_{iB} 两点连接在一起，从 U_{iA} 端输入共模信号，万用表直流档分别测量 T_1、T_2 两管集电极对地的共模输出电压 U_o、U_{oC1} 和 U_{oC2} 填入表中，则双端输出的共模电压为 $U_{oC} = U_{oC1} - U_{oC2}$，并计算出单端输出的共模放大倍数 A_{uc1}（或 A_{uc2}）和双端输出的共模放大倍数 A_{uc}（见表 4.12）。

表 4.12 共模放大倍数测量数据

U_i	U_o	U_{C1}	U_{C2}
0.3 V			
0.6 V			

（5）根据以上测量结果，分别计算双端输出和单端输出共模抑制比即 K_{CMR}（单）和 K_{CMR}（双）。

（6）有条件的话可以观察温漂现象，首先调零，使 $U_{C1} = U_{C2}$（方法同步骤 2），然后用电吹风吹 T_1、T_2，观察双端及单端输出电压的变化现象。

六、实验报告要求

（1）整理实验数据，列表比较实验结果和理论估算值，分析误差原因。
① 静态工作点和差模电压放大倍数。
② 基本差动放大电路单端输出时的 K_{CMR} 实测值与理论值比较。
③ 基本差动放大电路单端输出时 K_{CMR} 的实测值与具有恒流源的差动放大器 K_{CMR} 实测值比较。

（2）根据实验结果，总结电阻 R_E 和恒流源的作用。

七、思考题

（1）在共模输入时，测量双端输出电压 U_o 时，必须由 $U_o = U_{o1} - U_{o2}$ 计算得到。为什么不能把交流电压表直接接在 T_1、T_2 管的集电极来测量？

（2）比较 U_i，U_{C1} 和 U_{C2} 之间的相位关系。

实验四 负反馈放大器

一、实验目的

（1）了解放大电路中引入负反馈的方法。
（2）掌握负反馈放大器基本性能指标的测试和计算。
（3）探究电压串联负反馈对放大器性能的影响。
（4）加深对负反馈放大器工作原理的理解。

二、实验设备

（1）双踪示波器 1 台。
（2）数字万用表 1 台。
（3）函数信号发生器 1 台。
（4）模拟电路实验箱 1 台。

三、实验预习要求

（1）复习教材中有关负反馈放大器的内容。
（2）如输入信号存在失真，能否用负反馈来改善？

四、实验原理

如图 4.19 所示，反馈就是把放大器的输出量（电压或电流）的一部分或全部通过反馈网络，以一定的连接方式送回输入端，并与输入信号（电压或电流）进行比较，产生校正信号，使放大器的某些性能得到改善。放大器的反馈极性有正反馈和负反馈两种。

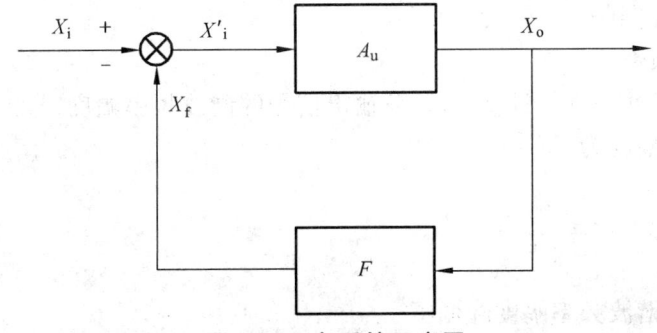

图 4.19 负反馈示意图

若加入反馈后,放大器的净输入信号减小,从而使输出信号减小,这样的反馈称为负反馈;反之,若使放大器的净输入信号增加,这样的反馈称为正反馈。在放大电路中,按反馈的极性、采样方式和与输入端的连接方式可将反馈分为以下四种形式:电压串联、电压并联、电流串联、电流并联。为改善放大器性能,一般采用负反馈。

(1) 不同类型的反馈对放大器参数的影响各不相同。负反馈对放大器性能的影响有如下几方面:

① 降低了放大器的增益。引入负反馈后如图 4.19 所示,闭环增益比开环增益降低了。

② 提高了增益的稳定性。引入负反馈后,放大器闭环增益变化率为

$$\frac{\Delta A_{uf}}{A_{uf}} = \frac{\Delta A_u}{A_u} \cdot \frac{1}{1+A_u F}$$

可见增益的相对变化率下降了,即增益的稳定性提高了。

③ 改变了输入电阻。设开环输入电阻 R_i,则串联负反馈的输入电阻为

$$R_{ijs} = R_i(1+A_u F)$$

即串联负反馈的输入电阻提高了。

并联负反馈的输入电阻为

$$R_{ifp} = \frac{R_i}{1+A_u F}$$

即并联负反馈的输入电阻降低了。

④ 改变了输出电阻。设开环输出电阻 R_o,则电压负反馈的输出电阻为

$$R_{ofu} = \frac{R_o}{1+A_u F}$$

即电压负反馈的输出电阻降低了。

电流负反馈的输出电阻为

$$R_{ofi} = R_o(1+A_u F)$$

即电流负反馈的输出电阻提高了。

⑤ 展宽了通频带。

⑥ 减小了非线性失真。设 X' 为开环输出信号的谐波频率幅度,则引入负反馈后输出信号中的谐波频率幅度为

$$X'' = \frac{X'}{1+A_u F}$$

可见输出信号中的谐波频率幅度降低了。

负反馈在电子电路中有着非常广泛的应用,虽然它使放大器的放大倍数降低,但能在

多方面改善放大器的动态指标,如稳定放大倍数,改变输入、输出电阻,减小非线性失真和展宽通频带等。因此,几乎所有的实用放大器都带有负反馈。本实验以电压串联负反馈为例,分析负反馈对放大器各项性能指标的影响。

本实验研究负反馈对放大器的作用和对放大器性能的影响,并进行测试。图 4.20 为带有负反馈的两级阻容耦合放大电路,在电路中通过 R_f 把输出电压 U_o 引回到输入端,加在第一级放大器晶体管 T_1 的发射极上,在发射极电阻 R_{F1} 上形成反馈电压 U_f。根据反馈的判断法可知,它属于电压串联负反馈。

在两级阻容耦合放大电路中,后级输入电阻是前级的负载,而后级输入电阻 r_{i2} 的大小,将直接影响前级的电压放大倍数。两级阻容耦合放大电路的总电压放大倍数等于第一级与第二级电压放大倍数的乘积,即

$$A_u = A_{u1} \times A_{u2}$$

其中,$A_{u1} = \dfrac{U_{o1}}{U_i}$,$A_{u2} = \dfrac{U_{o2}}{U_{o1}}$,$U_{o1}$ 为接入第二级后的第一级输出电压值应当注意:A_{u1} 已经考虑了下一级输入电阻的影响,所以第一级的输出电压就是第二级的输入电压,而不是开路电压。

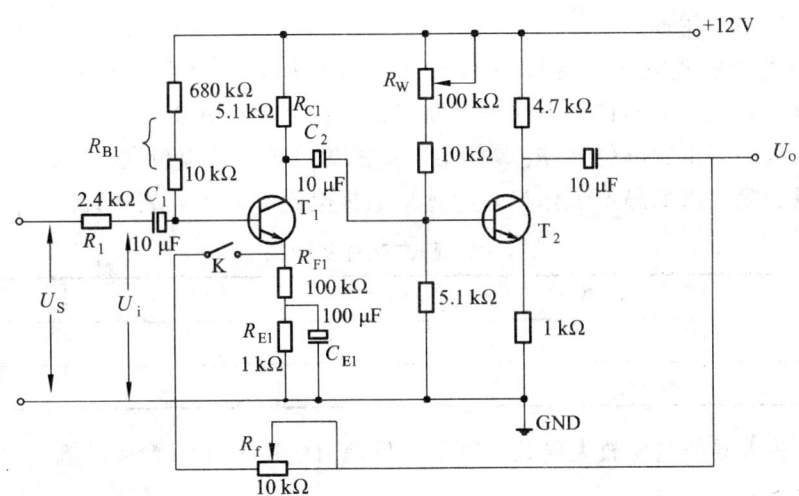

图 4.20 带有电压串联负反馈的两级阻容耦合放大器

(2)本实验还需要测量基本放大器的动态参数,怎样实现无反馈而得到基本放大器呢?不能简单地断开支路,而是要去掉反馈作用,但又要把反馈网络的影响(负载效应)考虑到基本放大器中去。为此还要做到以下两点:

① 在画基本放大器的输入回路时,因为是电压负反馈,所以可将负反馈放大器的输出端交流短路,即令 $U_o = 0$,此时 R_f 相当于并联在 R_{F1} 上。

② 在画基本放大器的输出回路时,由于输入端是串联负反馈,因此需将反馈放大器的输入端(T_1 管的射极)开路,此时 $(R_f + R_{F1})$ 相当于并接在输出端。可近似认为 R_f 并接在输出端。

根据上述规律,就可得到所要求的如图 4.21 所示的基本放大器电路。

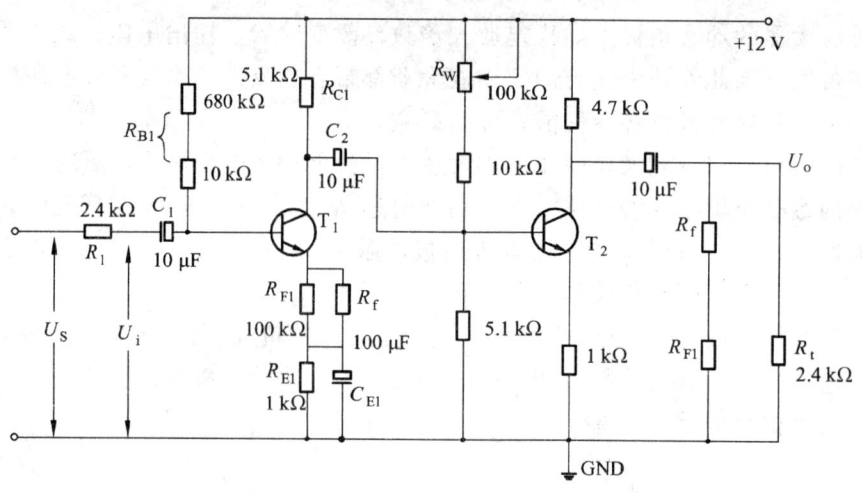

图 4.21 基本放大器

五、实验内容与步骤

1. 方案一

(1) 调整静态工作点。

按图 4.20 连接实验电路,取 $V_{CC} = +12\text{ V}$,输入 $U_i = 0$(不接入信号发生器),并将第一级输出与第二级的输入连接。不接负反馈回路,即开关 K 断开。

调节第二级的上偏置电位器 R_W,使第二级的集电极对地电位 $U_{C2} = 6\text{ V}$,用万用表分别测量第一级、第二级的静态工作点,计算集电极电流 I_C,记入表 4.13。

表 4.13 静态工作点数据

放大器	U_B/V	U_E/V	U_C/V	I_C/mA
第一级				
第二级				

(2) 测试放大器的电压放大倍数,以及负反馈对电压放大倍数 A_u、输入电阻 R_i、输出电阻 R_o 的影响。

反馈电阻 R_f 调为 2.4 kΩ 接入电路,保持已调好的静态工作点及输入信号 $U_S = 30\text{ mV}$ 有效值的正弦波。按表 4.8 的条件,分别测量 U_{o2}、U_S、U_i 的值,记入表 4.14 中。并计算电压放大倍数 A_u、输入电阻 R_i 和输出电阻 R_o。

表 4.14 $R_f = 2.4\text{ kΩ}$ 时数据

条件		U_S	U_i	U_o	A_u	R_i	R_o
有电压串联负反馈	$R_L = \infty$						
	$R_L = 2.4\text{ kΩ}$						
无电压串联负反馈	$R_L = \infty$						
	$R_L = 2.4\text{ kΩ}$						

（3）观察负反馈对放大器非线性失真波形的改善。

① 在各级工作电压不变的情况下，不接负反馈，逐渐加大输入信号直至输出波形产生上下失真（用示波器监测放大器输出波形 U_{o2}）。

② 接入负反馈，即开关 K_2 接通，用示波器观察放大器输出波形 U_{o2} 有何变化，将接入负反馈前后的两种波形绘入表 4.15 中，并做比较。

表 4.15　负反馈接入前后输出对比

条　件	放大器输出波形 U_{o2}
接入负反馈前	
接入负反馈后	

（4）测试负反馈放大器的通频带。

放大器的静态工作点不变，保持 $U_i = 30$ mV，在放大器接入负反馈前后两种情况下，加大和减小输入信号频率，用交流电压表监测放大器第二级输出电压 U_{o2}。当输入信号频率增大或减小到放大器的输出电压为 $0.707\,U_{o2}$ 时（U_{o2} 为频率 $f = 1$ kHz 时的输出电压值），记录放大器通频带的上限频率和下限频率，并记入表 4.16 中，计算出放大器的通频带 Δf。

表 4.16　负反馈接入前后通频带

接入负反馈前	f_L/kHz	f_H/kHz	Δf/kHz
接入负反馈后	f_{Lf}/kHz	f_{Hf}/kHz	Δf_f/kHz

2. 方案二

给定三极晶体管 3DG6、电源电压 $V_{CC} = 12$ V、电阻、电容若干。自行设计负反馈放大器，该放大器的放大倍数 $A_u \geqslant 80$、输入电阻 $r_i \leqslant 10$ kΩ、输出电阻 $r_o \leqslant 500$ Ω。要求先将实验方案在仿真软件上进行仿真，仿真通过以后再接实际电路。

六、实验报告要求

（1）将基本放大器和负反馈放大器的动态参数实测值进行计算，并填入表中。

（2）根据实验结果，总结电压串联负反馈对放大器各项性能的影响。

七、思考题

（1）如果输入信号存在失真，能否用负反馈来改善？

（2）该实验电路在接入负反馈后并未考虑反馈的负载效应，在设计实际电路时，应如何考虑反馈网络对放大器带来的负载效应？

实验五　射极跟随器

一、实验目的

（1）掌握射极跟随器的特性及测试方法。
（2）进一步学习放大器各项参数的测试方法。

二、实验仪器

（1）双踪示波器 1 台。
（2）函数信号发生器 1 台。
（3）万用表 1 台。
（4）交流毫伏表 1 台。
（5）Dais 系列实验仪 1 台。

三、实验预习要求

（1）熟悉并理解射极跟随器实验电路。
（2）查阅射极跟随器相关资料。

四、实验原理

图 4.22 为射极跟随器，输出取自发射极，故称其为射极跟随器，其特点如下：

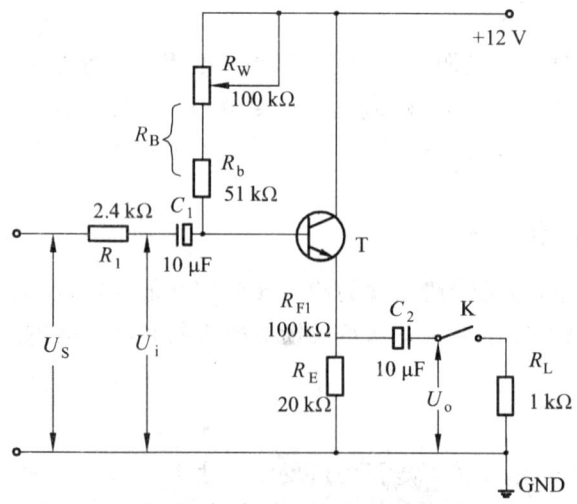

图 4.22　射极跟随器实验电路图

1. 输入电阻 R_i 高

$$R_i = r_{be} + (1+\beta)R_E$$

如考虑偏置电阻 R_B 和负载电阻 R_L 的影响，则

$$R_i = R_B \mathbin{/\mkern-5mu/} [r_{be} + (1+\beta)(R_E \mathbin{/\mkern-5mu/} R_L)]$$

由上式可知射极跟随器的输入电阻 R_i 比共射极单管放大器的输入电阻 $R_i = R_B \mathbin{/\mkern-5mu/} r_{be}$ 要高得多。输入电阻的测试方法同单管放大器，实验线路如图 4.22 所示。

$$R_{ir} = \frac{U_i}{I_i} = \frac{U_i}{U_S - U_i} R$$

即只要测得 A、B 两点的对地电位即可。

2. 输出电阻 R_o 低

$$R_o = \frac{r_{be}}{\beta} \mathbin{/\mkern-5mu/} R_E \approx \frac{r_{be}}{\beta}$$

如考虑信号源内阻 R_S，则

$$R_o = \frac{r_{be} + (R_S \mathbin{/\mkern-5mu/} R_B)}{\beta} \mathbin{/\mkern-5mu/} R_E \approx \frac{r_{be} + (R_S \mathbin{/\mkern-5mu/} R_B)}{\beta}$$

由上式可知射极跟随器的输出电阻 R_o 比共射极单管放大器的输出电阻 $R_o = R_C$ 低得多。三极管的 β 愈高，输出电阻愈小。

输出电阻 R_o 的测试方法亦同单管放大器，即先测出空载输出电压 U_o，再测接入负载 R_L 后的输出电压 U_L，根据

$$U_L = \frac{U_o}{R_o + R_L} R_L$$

即可求出 R_o：

$$R_o = \left(\frac{U_o}{U_L} - 1\right) R_L$$

3. 电压放大倍数近似等于 1

如图 4.22 所示电路中，有

$$A_u = \frac{(1+\beta)(R_E \mathbin{/\mkern-5mu/} R_L)}{r_{be} + (1+\beta)(R_E \mathbin{/\mkern-5mu/} R_L)} < 1$$

上式说明射极跟随器的电压放大倍数小于近于 1 且为正值。这是深度电压负反馈的结果，但它的射极电流仍比基流大 $(1+\beta)$ 倍，所以具有一定的电流和功率放大作用。

4. 电压跟随范围

电压跟随范围，是指跟随器输出电压与输入电压作线性变化的区域。但在输入电压超过一定范围时，输出电压便不能跟随输入电压作线性变化，失真急剧增加，如图4.23所示。在管子、电路参数、使用条件（如E_C、负载、环境温度等）确定以后，此电路的跟随范围也就确定了。

用作图法可以求出电路的跟随范围，如图4.24所示。从图中的交流负载线可以找出不产生饱和失真和截止失真的区域。最大正向动态跟随范围为$|U_{CEQ} - U_{CE1}|$，最大负向动态跟随范围为$|U_{CEQ} - U_{CE2}|$，当工作点取在交流负载线中心点，最大输出电压峰峰值：$U_{OPP} = 2U_{OM} = U_{CE2} - U_{CE1}$。

所以最大输出电压峰值为：$U_{OM} = \dfrac{U_{CE2} - U_{CE1}}{2}$

最大输出电压有效值为：$U_O = \dfrac{U_{OM}}{\sqrt{2}}$

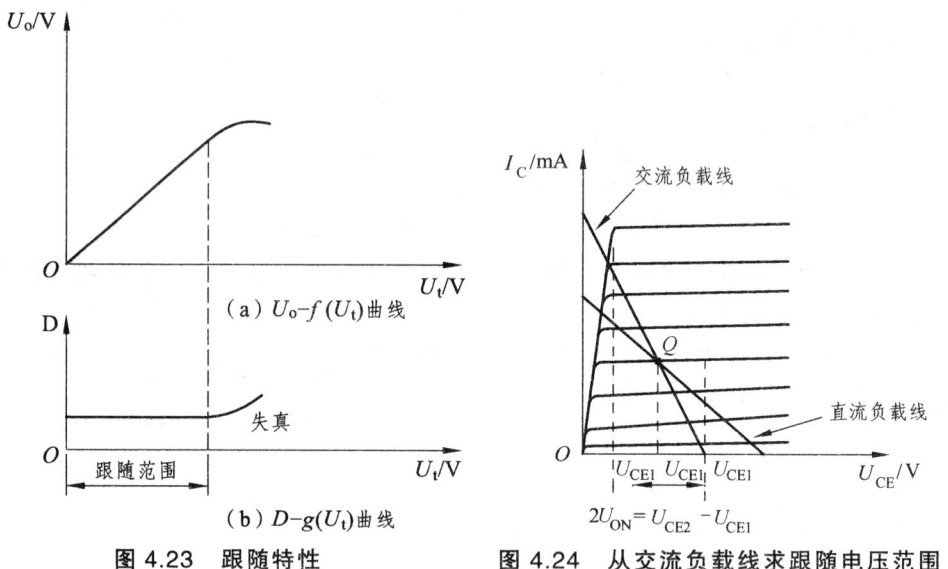

图4.23 跟随特性   图4.24 从交流负载线求跟随电压范围

从图4.24交流负载线可见：R_L的变化对输出电压U_O有一定影响。

五、实验内容与步骤

1. 连接实验电路

如图4.22所示，其中开关K断开时相当于负载开路，闭合时相当于连接上负载，此时K先开路，在晶体管系列实验模块中按图4.22正确连接电路。

2. 调整静态工作点

静态工作点的调整，打开交流开关，在B点加入频率为1 kHz、峰峰值为1 V的正弦

信号 U_i，输出端用示波器监视，反复调整 R_W 及信号源的输出幅度，使在示波器的屏幕上得到一个最大不失真输出波形，然后置 $U_i = 0$，用万用表测量晶体管各电极对地电位，将测得数据记入表 4.17 中。

在下面整个测试过程中应保持 R_W 值不变（即 I_E 不变）。

表 4.17 静态工作点参数

U_E/V	U_B/V	U_C/V	$I_E = U_E/R_E$/mA

3. 测量电压放大倍数 A_u

接入负载 $R_L = 1\ \text{k}\Omega$，在 B 点加入频率为 1 kHz、峰峰值为 1 V 的正弦信号 U_i，调节输入信号幅度，用示波器观察输出波形 U_o，在输出最大不失真情况下，用毫伏表测 U_i、U_L 值，记入表 4.18。

表 4.18 输入、输出及放大倍数测量值

U_i/V	U_L/V	$A_u = U_L/U_i$

4. 测量输出电阻 R_o

接上负载 $R_L = 1\ \text{k}\Omega$，在 B 点加入频率为 1 kHz、峰峰值为 1 V 的正弦信号 U_i，用示波器监视输出波形，用毫伏表测空载输出电压 U_O，有负载时输出电压 U_L，记入表 4.19。

表 4.19 输出电阻计算

U_o/V	U_L/V	$R_o = \left(\dfrac{U_O}{U_L} - 1\right) R_L$/k$\Omega$

5. 测量输入电阻 R_i

在 A 点加入频率为 1 kHz、峰-峰值为 1 V 的正弦信号 U_s，用示波器监视输出波形，用交流毫伏表分别测出 A、B 点对地的电位 U_s、U_i，记入表 4.20。

表 4.20 输入电阻计算

U_s/V	U_i/V	$R_i = \dfrac{U_i}{U_s - U_i} R$/k$\Omega$

6. 测试跟随特性

接入负载 $R_L = 1\ \text{k}\Omega$，在 B 点加入频率为 1 kHz、峰峰值为 1 V 的正弦信号 U_i，并保持不变，逐渐增大信号 U_i 幅度，用示波器监视输出波形直至输出波形达到最大不失真，测量

对应的 U_L 值，记入表 4.21。

表 4.21　跟随特性测试数据

U_i/V	
U_L/V	

7. 测试频率响应特性

接入负载 $R_L = 1\ \text{k}\Omega$，在 B 点加入频率为 1 kHz、峰-峰值为 1 V 的正弦信号 U_i，保持输入信号 U_i 幅度不变，改变信号源频率，用示波器监视输出波形，用毫伏表测量不同频率下的输出电压 U_L 值，记入表 4.22。

表 4.22　不同频率下的输出电压 U_L 值

f_K/Hz	
U_L/V	

六、注意事项

（1）注意射极跟随器的电路结构特征。
（2）注意参数的测量方法。

七、实验报告要求

画出电路原理图，整理测量结果，并把实测的静态工作点、电压放大倍数、输入电阻、输出电阻值与理论计算值比较（取一组数据进行比较），分析产生误差原因。

八、思考题

（1）射极跟随器的电压放大倍数小于 1，对电流和功率有无放大作用？为什么？
（2）测量 $U_o = f(U_i)$ 曲线时，用一只毫伏表先后测量 U_o 和 U_i 好，还是用两只毫伏表分别测 U_o 和 U_i 好，为什么？
（3）R_b 电阻的选择对提高放大器输入电阻有何影响？

实验六　集成运算放大器的基本应用

一、实验目的

（1）掌握集成运算放大器的工作原理和基本特性。

(2)掌握用集成运算放大器构成基本运算电路的设计方法。
(3)练习利用所给元件连接实验电路。
(4)学会用集成运算放大器实现波形变换及波形产生。

二、实验仪器

(1)双踪示波器1台。
(2)数字万用表1台。
(3)函数信号发生器1台。
(4)模拟电路实验箱1台。

三、实验预习要求

(1)查阅集成运算放大器 μA741 的管脚功能。
(2)复习集成运算放大器线性应用部分的内容,并根据实验电路参数计算各电路输出电压的理论值。
(3)在反相加法器中,如 U_{i1} 和 U_{i2} 均采用直流信号,并选定 $U_{i2} = -1\text{ V}$,当考虑到运算放大器的最大输出幅度(±12 V)时,$|U_{i1}|$ 的大小不应超过多少伏?
(4)为了不损坏集成块,实验中应注意什么问题?

四、实验原理

集成运算放大器是一种具有高电压放大倍数的直接耦合多级放大电路。当外部接入不同的线性或非线性元器件组成输入和负反馈电路时,可以灵活地实现各种特定的函数关系。在线性应用方面,可组成比例、加法、减法、积分、微分、对数等模拟运算电路。

在大多数情况下,将运放视为理想运放,就是将运放的各项技术指标理想化,满足下列条件的运算放大器称为理想运放:

开环电压增益 $A_{ud} = \infty$;
输入阻抗 $R_i = \infty$;
输出阻抗 $R_o = 0$;
带宽 $f_{BW} = \infty$;
失调与漂移均为零等。
理想运放在线性应用时的两个重要特性:
(1)输出电压 U_o 与输入电压之间满足关系式:

$$U_o = A_{ud}(U_+ - U_-)$$

由于 $A_{ud} = \infty$,而 U_o 为有限值,因此,$U_+ - U_- \approx 0$,即 $U_+ \approx U_-$,称为"虚短"。
(2)由于 $R_i = \infty$,故流进运放两个输入端的电流可视为零,即 $I_{IB} = 0$,称为"虚断"。这说明运放对其前级吸取电流极小。

上述两个特性是分析理想运放应用电路的基本原则，可简化运放电路的计算。

五、实验内容及步骤

（一）方案一：集成运算放大器的线性应用

本实验所用集成运算放大器型号为 μA741，其外形与各管脚功能如图 4.25 所示。实验中 μA741 的工作电压为 ±12 V。接线时要分清集成运放组件各管脚的位置；切忌正、负电源极性接反和输出端短路，否则将会损坏集成块。分清所给电阻电容的阻值和容量，利用实验箱上的两组 ±5 V 可调直流电压源，作为比例、加法、减法运算电路的输入信号源。用信号发生器的方波信号作为积分、微分电路的输入信号。正弦信号作为比较器电路的输入信号，按实验内容要求连接好实验电路。

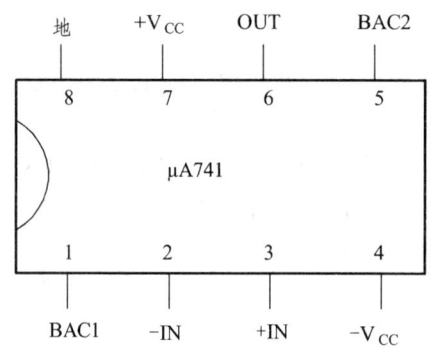

各管脚功能
1 脚 调零端 1；
2 脚 反相输入端；
3 脚 同相输入端；
4 脚 负电源；
5 脚 调零端 2；
6 脚 输出端；
7 脚 正电源；
8 脚 空脚（一般接地）

图 4.25　μA741 外形与管脚

1. 反相比例运算电路

电路如图 4.26 所示。对于理想运放，该电路的输出电压与输入电压之间的关系为

$$U_o = \frac{R_F}{R_1} U_i, \quad R_2 = R_1 // R_F$$

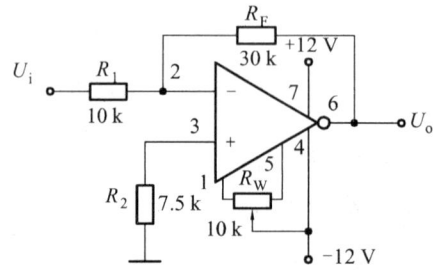

图 4.26　反相比例运算电路图

按图 4.26 连接好电路。先将输入端 U_i 接地（即 $U_i = 0$）的情况下，用直流电压表测量运算电路的输出电压 U_o，调节 R_W，使输出电压 $U_o = 0$，以上步骤为运算电路的调零。去掉

输入端接地线，将 U_i 接直流可调信号源，用直流电压表测量表 4.20 中每组 U_i 所对应的输出电压值 U_o，填入表 4.23 中，并与理论值相比较。

表 4.23　反相比例电路输出

U_i/V	U_o/V 实测	U_o/V 理论
+0.5		
-0.5		
+1		

2. 反相加法电路

电路如图 4.27 所示，输出电压与输入电压之间的关系为

$$U_o = \left(\frac{R_F}{R_1} U_{i1} + \frac{R_F}{R_2} U_{i2} \right); \quad R_3 = R_1 // R_2 // R_F$$

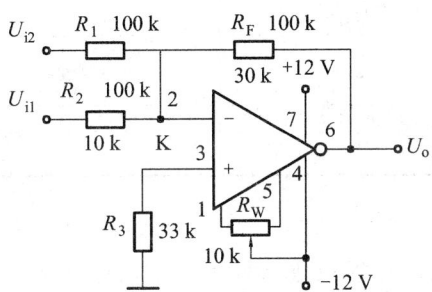

图 4.27　反相加法运算电路图

按图 4.27 连接好电路，首先对运算电路进行调零。调零方法同上。调零后，将输入 U_{i1}、U_{i2} 接入直流可调信号源。按表 4.24 中的要求，用直流电压表测量每组 U_{i1}、U_{i2} 所对应的输出电压值 U_o，填入表 4.24 中，并与理论值相比较。

表 4.24　反相加法电路输出

U_{i1}/V	U_{i2}/V	U_o/V 实测	U_o/V（理论）
1	2		
2	1		

3. 减法器电路（差分运算放大器）

对于图 4.28 所示的减法运算电路，当 $R_1 = R_2$，$R_3 = R_F$ 时，有如下关系式：

$$U_o = \frac{R_F}{R_1}(U_{i2} - U_{i1})$$

按图 4.28 连接好电路，首先对运算电路进行调零。调零后，将输入 U_{i1}、U_{i2} 接入直流可调信号源。按表 4.25 中的要求，用直流电压表测量每组 U_{i1}、U_{i2} 所对应的输出电压值 U_o，填入表 4.25 中，并与理论值相比较。

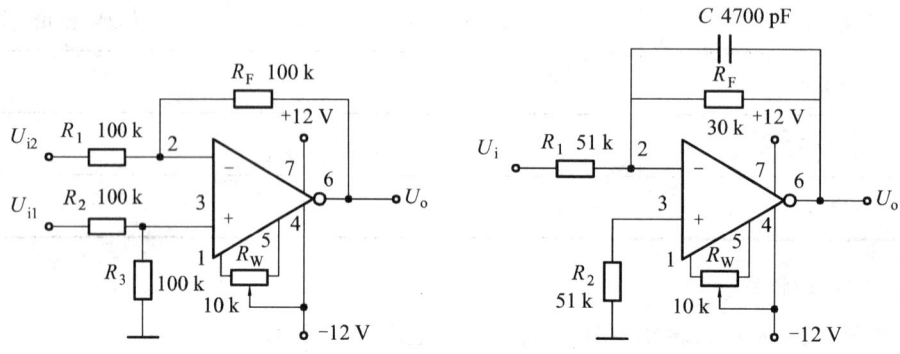

图 4.28　减法运算电路图　　　　图 4.29　积分运算电路图

表 4.25　减法电路输出

U_{i1}/V	U_{i2}/V	U_o/V 实测	U_o/V（理论）
1	2		
2	1		

4. 积分运算电路

积分电路如图 4.29 所示，在理想化条件下，输出电压 U_o 等于：

$$U_o(t) = \frac{1}{R_1 C} \int_0^t U_i \mathrm{d}t + U_C(0)$$

式中，$U_C(0)$ 是 $t = 0$ 时刻电容 C 两端的电压值，即初始值。

如果 $U_i(t)$ 是幅值为 U 的阶跃电压，并设 $U_C(0) = 0$，则

$$U_o(t) = \frac{1}{R_1 C} \int_0^t U \mathrm{d}t = -\frac{U}{R_1 C} t$$

即输出电压 $U_o(t)$ 随时间增长而线性下降。显然 R_C 的数值越大，达到给定的 U_o 值所需的时间就越长。积分输出电压所能达到的最大值受集成运放最大输出范围的限制。

连接好电路，首先对运放调零，然后将信号发生器的输出与积分运算电路的输入端相连。调信号发生器的输出为 $f = 2$ kHz、$U_i = 4$ V 的方波信号。用双踪示波器同时观察输入 U_i、输出 U_o 的波形，并将 U_i、U_o 的波形及相位关系绘制入表 4.26 中。

表 4.26 积分电路输入、输出波形

电路	输入信号 U_i	输出信号 U_o
积分运算电路	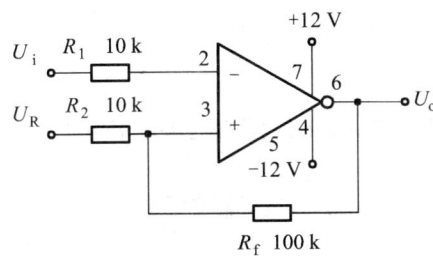	

5. 运算放大器的非线性应用（比较器电路）

按图 4.30 接线，U_i 输入 $f = 1$ kHz、$U_i = 2.5$ V（有效值）的正弦信号，U_R 接入可调直流电压，改变 U_R，用双踪示波器同时观察输入 U_i、输出 U_o 的波形，并将 U_i、U_o 的波形及相位关系绘制于图 4.31 中。

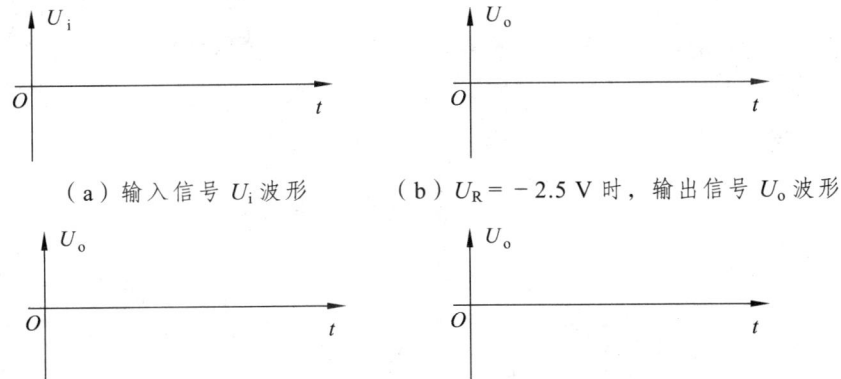

图 4.30 比较器电路图

（a）输入信号 U_i 波形　　（b）$U_R = -2.5$ V 时，输出信号 U_o 波形

（c）$U_R = 0$ V 时，输出信号 U_o 波形　　（d）$U_R = +2.5$ V 时，输出信号 U_o 波形

图 4.31 比较器的输入、输出波形

（二）方案二：在做完方案一后

（1）设计一个同相比例运算电路，要求 $U_o = 10U_i$。

输入直流电压：-1 V，0.8 V，1 V。

输入正弦电压：频率 1 kHz，电压：0.5 V，1 V。

写出设计过程并画出电路图，并通过实验，记录实验结果。

（2）在积分运算电路和微分运算电路中，把输入信号改为正弦信号和三角波信号，其输入电压 $U_i = 4$ V，频率分别为 100 Hz，500 Hz，1 000 Hz，用双踪示波器同时观察 U_i、U_o 的波形，并将 U_i、U_o 的波形及相位关系记录下来，并对所测波形的结果进行分析。

六、注意事项

（1）注意集成运算放大器的调零。
（2）注意电路连接。

七、实验报告要求

（1）将理论计算结果和实测数据相比较，分析产生误差的原因。
（2）整理实验数据，画出波形图（注意波形间的相位关系）。
（3）分析讨论实验中出现的现象和问题。

八、思考题

运算放大器接成积分器时，在积分电容的两端跨接电阻 R_F，试分析为什么能减少输出端的直流漂移？

第五章 数字电路实验

实验一 TTL集成逻辑门的逻辑功能与参数测试

一、实验目的

（1）掌握TTL集成与非门的逻辑功能和与非门主要参数的测试方法。
（2）掌握TTL器件的使用规则。
（3）熟悉数字电路实验装置的结构、基本功能和使用方法。

二、实验仪器

（1）数字实验箱一个。
（2）数字万用表一台。
（3）器件：74LS00、74LS02、74LS20、74LS32、74LS86。

三、实验预习要求

（1）复习TTL门电路的工作原理及主要参数的意义。
（2）熟悉TTL集成电路的使用规则，熟悉实验用各集成门的引脚排列及功能。
（3）画出各实验内容的测试电路与数据记录表格。

四、实验原理

本实验采用四输入双与非门74LS20，即在一块集成块内含有两个互相独立的与非门，每个与非门有四个输入端。其内部结构图、逻辑框图及符号如图5.1所示。

（一）与非门的逻辑功能

与非门的逻辑功能是：当输入端中有一个或一个以上是低电平时，输出端为高电平；只有当输入端全部为高电平时，输出端才是低电平（即有"0"得"1"，全"1"得"0"）。
其逻辑表达式为 $Y = \overline{AB\cdots}$

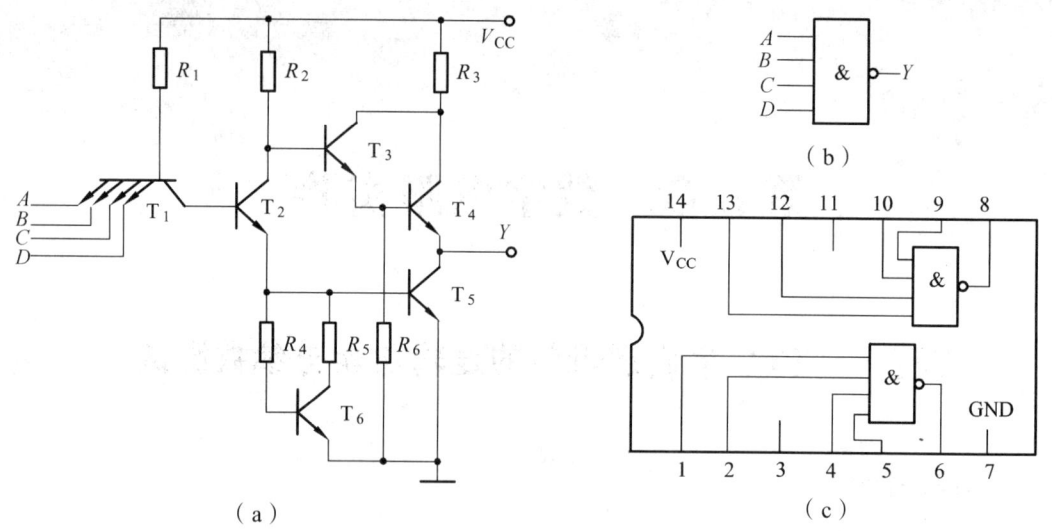

图 5.1 74LS20 内部结构图、逻辑框图及符号

(二) TTL 与非门的主要参数

1. 低电平输出电源电流 I_{CCL} 和高电平输出电源电流 I_{CCH}

与非门处于不同的工作状态,电源提供的电流是不同的。I_{CCL} 是指所有输入端悬空,输出端空载时,电源提供器件的电流。I_{CCH} 是指输出端空载,每个门各有一个以上的输入端接地,其余输入端悬空,电源提供给器件的电流。通常 $I_{CCL} > I_{CCH}$,它们的大小标志着器件静态功耗的大小。器件的最大功耗为 $P_{CCL} = V_{CC}I_{CCL}$。手册中提供的电源电流和功耗值是指整个器件总的电源电流和总的功耗。I_{CCL} 和 I_{CCH} 测试电路如图 5.2(a)、(b)所示。

注意:TTL 电路对电源电压要求较严,电源电压 V_{CC} 只允许在 $+5(1\pm10\%)$ V 的范围内工作,超过 5.5 V 将损坏器件;低于 4.5 V 器件的逻辑功能将不正常。

2. 低电平输入电流 I_{iL} 和高电平输入电流 I_{iH}

I_{iL} 是指被测输入端接地,其余输入端悬空,输出端空载时,由被测输入端流出的电流值。在多级门电路中,I_{iL} 相当于前级门输出低电平时,后级向前级门灌入的电流,因此它关系到前级门的灌电流负载能力,即直接影响前级门电路带负载的个数,因此希望 I_{iL} 小些。I_{iH} 是指被测输入端接高电平,其余输入端接地,输出端空载时,流入被测输入端的电流值。在多级门电路中,它相当于前级门输出高电平时,前级门的拉电流负载,其大小关系到前级门的拉电流负载能力,希望 I_{iH} 小些。由于 I_{iH} 较小,难以测量,一般免于测试。I_{iL} 与 I_{iH} 的测试电路如图 5.2(c)、(d)所示。

3. 扇出系数 N_o

扇出系数 N_o 是指门电路能驱动同类门的个数,它是衡量门电路负载能力的一个参数,TTL 与非门有两种不同性质的负载,即灌电流负载和拉电流负载,因此有两种扇出系数,即低电平扇出系数 N_{oL} 和高电平扇出系数 N_{oH}。通常 $I_{iH}<I_{iL}$,则 $N_{oH} > N_{oL}$,故常以 N_{oL} 作为门的扇出系数。

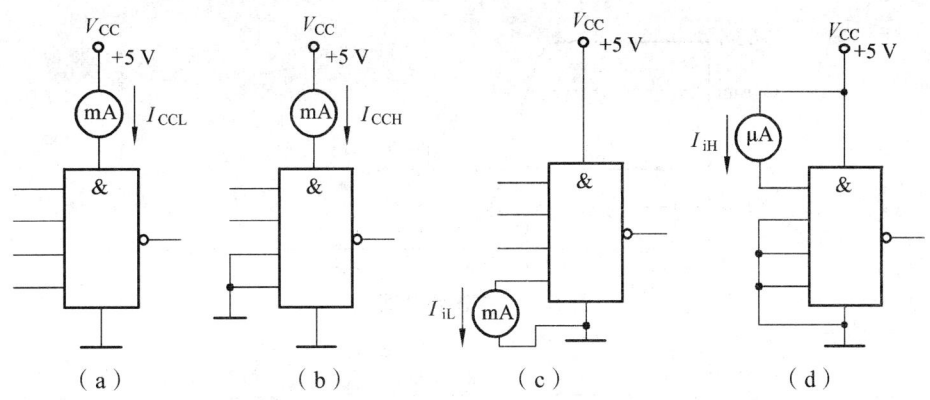

图 5.2　TTL 与非门静态参数测试电路图

N_{oL} 的测试电路如图 5.3 所示，门的输入端全部悬空，输出端接电流负载 R_L，调节 R_L 使 I_{oL} 增大，U_{oL} 随之增高，当 U_{oL} 达到 U_{oLm}（手册中规定低电平规范值为 0.4 V）时的 I_{oL} 就是允许灌入的最大负载电流，则

$$N_{oL} = \frac{I_{oL}}{I_{iL}} \qquad (通常 N_{oL} \geqslant 8)$$

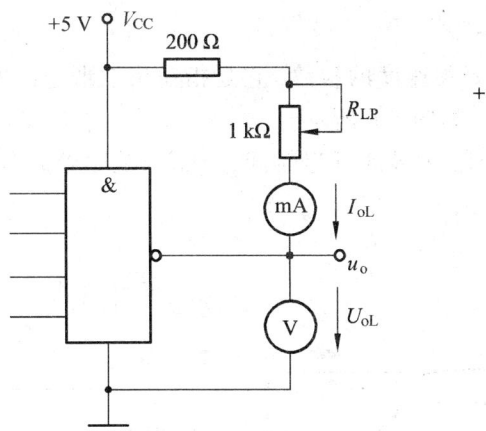

图 5.3　扇出系数测试电路图

4．电压传输特性

门电路的输出电压 u_o 随输入电压 u_i 而变化的曲线 $u_o = f(u_i)$ 称为门电路的电压传输特性，典型的 TTL 与非门电压传输特性曲线如图 5.4 所示。通过电压传输特性曲线可读出门电路的一些重要参数，如输出高电平 U_{oH}、输出低电平 U_{oL}、关门电平 U_{OFF}、开门电平 U_{ON}、阈值电平 U_T 及抗干扰容限 U_{NL}、U_{NH} 等值。测试电路如图 5.5 所示，采用逐点测试法，即调节 R_W，逐点测得 U_i 及 U_o，然后绘成曲线。

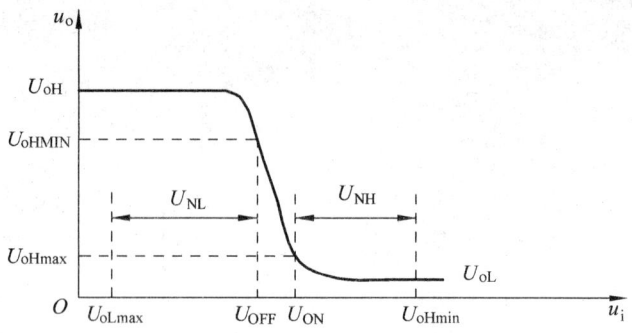

图 5.4 传输特性曲线

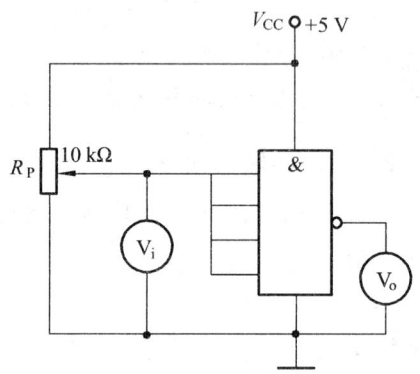

图 5.5 传输特性测试电路图

5. 平均传输延迟时间 t_{pd}

t_{pd} 是衡量门电路开关速度的参数,它是指输出波形边沿的 $0.5 U_m$ 至输入波形对应边沿 $0.5 U_m$ 点的时间间隔,如图 5.6 所示。

图 5.6（a）中的 t_{pdL} 为导通延迟时间,t_{pdH} 为截止延迟时间,平均传输延迟时间为

$$t_{pd} = \frac{1}{2}(t_{pdL} + t_{pdH})$$

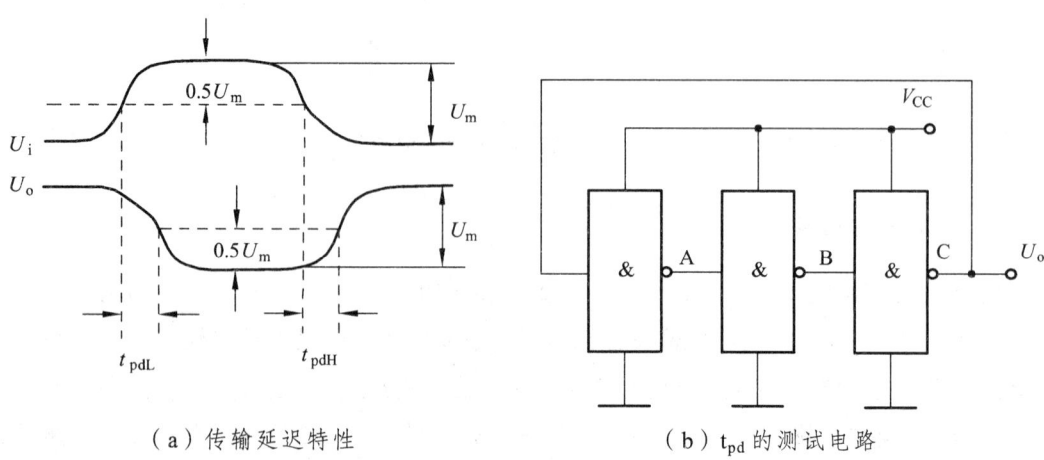

（a）传输延迟特性　　　　　　　　　（b）t_{pd} 的测试电路

图 5.6 平均传输延迟时间的测试电路及传输特性

t_{pd} 的测试电路如图 5.6（b）所示，由于 TTL 门电路的延迟时间较小，直接测量时对信号发生器和示波器的性能要求较高，故实验采用测量由奇数个与非门组成的环形振荡器的振荡周期 T 来求得。其工作原理是：假设电路在接通电源后某一瞬间，电路中的 A 点为逻辑"1"，经过三级门的延迟后，使 A 点由原来的逻辑"1"变为逻辑"0"；再经过三级门的延迟后，A 点电平又重新回到逻辑"1"。电路中其他各点电平也跟随变化。说明使 A 点发生一个周期的振荡，必须经过 6 级门的延迟时间。因此平均传输延迟时间为

$$t_{pd} = \frac{T}{6}$$

TTL 电路的 t_{pd} 一般在 10~40 ns。

74LS20 主要电参数规范如表 5.1 所示。

表 5.1 74LS20 主要电参数规范

	参数名称和符号		规范值	单位	测 试 条 件
直流参数	通导电源电流	I_{CCL}	<14	mA	$V_{CC}=5$ V，输入端悬空，输出端空载
	截止电源电流	I_{CCH}	<7	mA	$V_{CC}=5$ V，输入端接地，输出端空载
	低电平输入电流	I_{iL}	≤1.4	mA	$V_{CC}=5$ V，被测输入端接地，其他输入端悬空，输出端空载
	高电平输入电流	I_{iH}	<50	μA	$V_{CC}=5$ V，被测输入端 $U_{in}=2.4$ V，其他输入端接地，输出端空载
			<1	mA	$V_{CC}=5$ V，被测输入端 $U_{in}=5$ V，其他输入端接地，输出端空载
	输出高电平	U_{oH}	≥3.4	V	$V_{CC}=5$ V，被测输入端 $U_{in}=0.8$ V，其他输入端悬空，$I_{oH}=400$ μA
	输出低电平	U_{oL}	<0.3	V	$V_{CC}=5$ V，输入端 $U_{in}=2.0$ V，$I_{oL}=12.8$ mA
	扇出系数	N_o	4~8	V	同 U_{oH} 和 U_{oL}
交流参数	平均传输延迟时间	t_{pd}	≤20	ns	$V_{CC}=5$ V，被测输入端输入信号，$U_{in}=3.0$ V，$f=2$ MHz

五、实验内容及步骤

在数字电路实验箱的合适位置选取一个 14P 插座，按定位标记插好 74LS20 集成块。

1. 与非门 74LS20 主要参数的测试

（1）分别按图 5.2、5.3、5.6（b）接线并进行测试，将测试结果记入表 5.2 中。

表 5.2 参数测试表

I_{CCL}/mA	I_{CCH}/mA	I_{iL}/mA	I_{iH}/mA	$N_{oL}=\dfrac{I_{oL}}{I_{iL}}$	$t_{pd}=T/6$/ns

（2）按图 5.5 接线，调节电位器 R_W，使 U_i 从 0 V 向高电平变化，逐点测量 U_i 和 U_o 的对应值，记入表 5.3 中。并根据所测数据画出与非门 74LS20 的电压传输特性曲线。

表 5.3　输出电压值

U_i/V	0	0.5	0.8	1	1.1	1.2	1.3	1.4	1.5	1.6	1.8	2	3	3.6
U_o/V														

2. 验证 TTL 集成与非门 74LS20 的逻辑功能

按图 5.7 接线，门的四个输入端接逻辑开关输出插口，以提供"0"与"1"电平，门的输出端接由 LED 发光二极管组成的逻辑电平显示器（又称 0-1 指示器）的输入插口。LED 亮为逻辑"1"，LED 不亮为逻辑"0"。按表 5.4 内容测试与非门的逻辑功能。并用数字表的直流电压档测量输出端的电压。74LS20 集成电路含有 2 个 4 输入与非门，4 个输入端有 16 个最小项，在实际测试时，只要对输入 1111、0111、1011、1101、1110 五项进行测试就可以判断其逻辑功能是否正常。

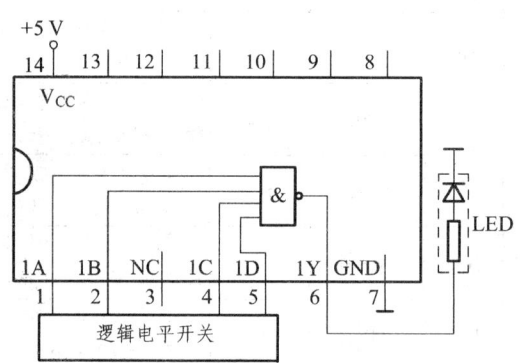

图 5.7　与非门逻辑功能测试电路

表 5.4　功能测试表

输入				输出	
A_n	B_n	C_n	D_n	Y_1（逻辑电平）	Y_1（电压表测量值）
1	1	1	1		
0	1	1	1		
1	0	1	1		
1	1	0	1		
1	1	1	0		

3. 观察与非门对脉冲的控制作用

选用与非门 7SLS00 按图 5.8（a）、（b）接线，将与非门的一个输入端接连续脉冲源（频率为 1 kHz），用示波器观察两种电路的输出波形，并记录在表 5.5 中。

第五章 数字电路实验

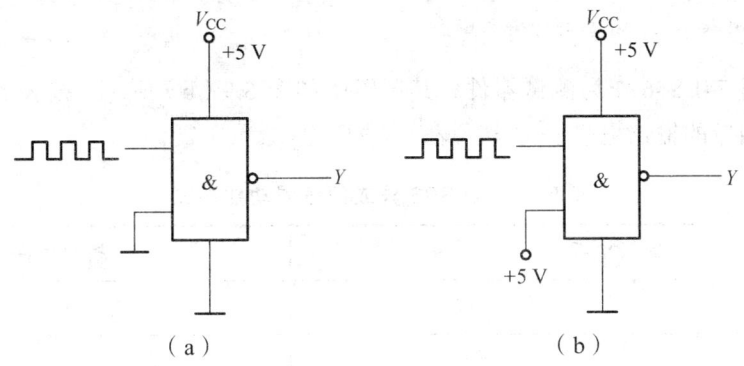

(a)　　　　　　　　　(b)

图 5.8　与非门对脉冲的控制作用

表 5.5　输出端波形

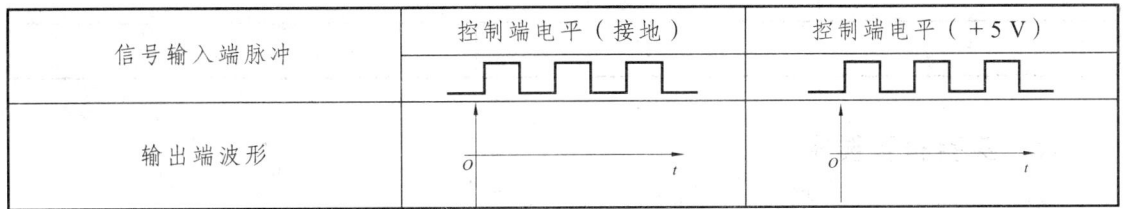

4. 或非门逻辑功能的测试

以 2 输入 4 或非门 74LS02 作为测试器件，其逻辑图如图 5.9(a)所示。按表 5.6 所列加入两个输入变量（即要求实现 $Y = A + B$），测试相应的输出电平，将其结果记入表 5.6 中。

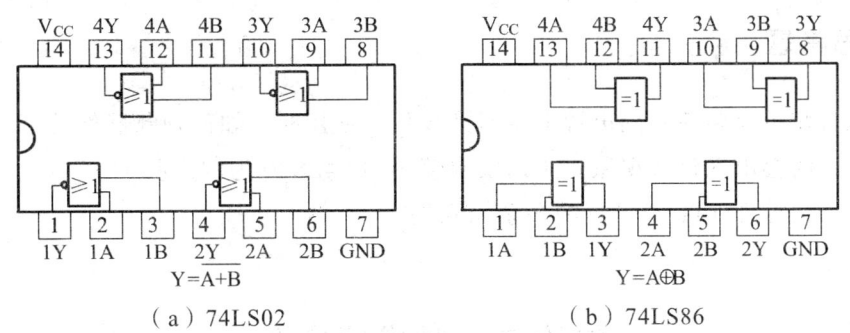

(a) 74LS02　　　　　　　　　(b) 74LS86

图 5.9　逻辑功能图

表 5.6　74LS02 或非门逻辑功能测试

输入电平		输出电平
1A	1B	1Y
0	0	
0	1	
1	0	
1	1	

5. 异或门逻辑功能的测试

以 4 异或门 74LS86 作为测试器件，其逻辑图如图 5.9（b）所示。按表 5.7 所列加入输入变量，测试相应的输出电平，并记入表 5.7 中。

表 5.7　74LS86 异或门逻辑功能测试

输入电平		输出电平
1A	1B	1Y
0	0	
0	1	
1	0	
1	1	

六、实验报告要求

（1）整理实验测试数据，包括列出所测与非门电路的主要参数，画出测试曲线，观测到的波形等。

（2）说明在实验中所遇到的故障和问题及解决方法。

七、思考题

（1）TTL 集成电路使用的电源电压是多少伏？使用时，如何判断器件的正方向？若一旦方向反了，将会出现什么现象？（以实验使用的 74LS20 为例说明）

（2）应如何处理 TTL 与非门的多余输入端？

实验二　触发器实验

一、实验目的

（1）掌握触发器的逻辑功能和测试方式。
（2）测试与非门构成的 RS 触发器的逻辑功能。
（3）测试 JK 触发器的逻辑功能和 D 触发器的逻辑功能。
（4）熟悉触发器之间相互转换的方法。
（5）学习由 JK 触发器构成计数器的方法及其逻辑功能的测试方法。

二、实验仪器

（1）数字电子技术实验箱 1 套。
（2）方案二的关键器件：反相器（非门）74LS04、JK 触发器 74LS78、D 触发器 74LS74。

三、实验预习要求

（1）熟悉实验原理，了解触发器的基本逻辑功能。
（2）预习实验内容，选择实验方案，写好预习报告。
（3）对具有设计性内容的实验，完成该设计，并利用计算机与电路仿真软件进行仿真。

四、实验原理

触发器具有两个稳定状态，用以表示逻辑状态"1"和"0"，在一定的外界信号作用下，可以从一个稳定状态翻转到另一个稳定状态，它是一个具有记忆功能的二进制信息存储器件，是构成各种时序电路的最基本逻辑单元。

1. 基本 RS 触发器

图 5.10 为由两个与非门交叉耦合构成的基本 RS 触发器，它是无时钟控制低电平直接触发的触发器。基本 RS 触发器具有置"0"、置"1"和"保持"三种功能。通常称 $\bar{S}$ 为置"1"端，因为 $\bar{S}=0$（$\bar{R}=1$）触发器被置"1"；$\bar{R}$ 为置"0"端，因为 $\bar{R}=0$，$\bar{S}=1$ 时触发器被置"0"，当 $\bar{R}=\bar{S}=1$ 时状态保持；$\bar{R}=\bar{S}=0$ 时，触发器状态不定，应避免此种情况发生，表 5.8 为基本 RS 触发器的功能表。基本 RS 触发器也可以用两个"或非门"组成，此时为高电平触发有效。

表 5.8 RS 触发器功能表

输 入		输 出	
$\bar{S}$	$\bar{R}$	Q^{n+1}	$\bar{Q}^{n+1}$
0	1	1	0
1	0	0	1
1	1	Q^n	$\bar{Q}_n$
0	0	Φ	Φ

注：Φ 为不定态。

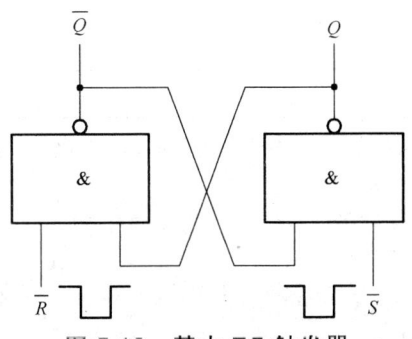

图 5.10 基本 RS 触发器

2. JK 触发器

在输入信号为双端的情况下,JK 触发器是功能完善、使用灵活和通用性较强的一种触发器。本实验采用 74LS78 双 JK 触发器,是下降边沿触发的边沿触发器。引脚功能及逻辑符号如图 5.11 所示。

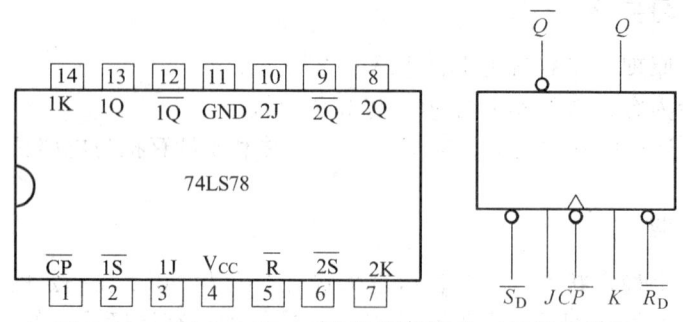

图 5.11 74LS78 双 JK 触发器引脚排列及逻辑符号

JK 触发器的状态方程为

$$Q^{n-1} = J\bar{Q}^n + \bar{K}Q^n$$

J 和 K 是数据输入端,是触发器状态更新的依据,若 J、K 有两个或两个以上输入端时,组成"与"的关系。Q 与 $\bar{Q}$ 为两个互补输出端。通常把 $Q=0$、$\bar{Q}=1$ 的状态定为触发器"0"状态,而把 $Q=1$ $\bar{Q}=0$ 定为"1"状态。

下降沿触发 JK 触发器的功能如表 5.9 所示。

表 5.9 下降沿触发 JK 触发器功能表

输 入					输 出	
$\bar{S}_D$	$\bar{R}_D$	CP	J	K	Q^{n+1}	$\bar{Q}^{n+1}$
0	1	×	×	×	1	0
1	0	×	×	×	0	1
0	0	×	×	×	Φ	Φ
1	1	↓	0	0	Q^n	$\bar{Q}^n$
1	1	↓	1	0	1	0
1	1	↓	0	1	0	1
1	1	↓	1	1	$\bar{Q}^n$	Q^n
1	1	↑	×	×	Q^n	$\bar{Q}^n$

注:×—任意态;↓—高到低电平跳变;↑—低到高电平跳变;$Q^n(\bar{Q}^n)$—现态;$Q^{n+1}(\bar{Q}^{n+1})$—次态;Φ—不定态。

JK 触发器常被用作缓冲存储器,移位寄存器和计数器。

3. D 触发器

在输入信号为单端的情况下,D 触发器用起来最为方便,其状态方程为 $Q^{n+1}=D^n$,其输出状态的更新发生在 CP 脉冲的上升沿，故又称为上升沿触发的边沿触发器，触发器的状态只取决于时钟到来前 D 端的状态，D 触发器的应用很广，可用作数字信号的寄存、移位寄存、分频和波形发生等。有很多种型号可供各种用途的需要而选用。如双 D 74LS74、四 D 74LS175、六 D 74LS174 等。图 5.12 为双 D 74LS74 的引脚排列及逻辑符号。功能如表 5.10 所示。

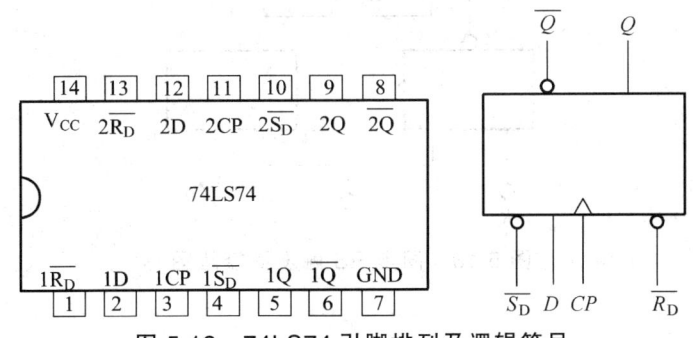

图 5.12　74LS74 引脚排列及逻辑符号

表 5.10　双 D 74LS74 功能表

输入				输出	
$\bar{S}_D$	$\bar{R}_D$	CP	D	Q^{n+1}	$\bar{Q}^{n+1}$
0	1	×	×	1	0
1	0	×	×	0	1
0	0	×	×	Φ	Φ
1	1	↑	1	1	0
1	1	↑	0	0	1
1	1	↓	×	Q^n	$\bar{Q}^n$

五、实验内容及步骤

（一）方案一

1. 同步 RS 触发器

用与非门 74LS00 按图 5.13 连好电路。R、S 端按表 5.11 加给定变量；由实验仪"单次脉冲"供给 CP 信号；并按表 5.11 逐次从 0→1→0 变化，用"电平显示"测试其输出端 Q 相应的电平状态，把测试结果记入表 5.11 中。

表 5.11　RS 触发器测试结果

R	0				0			1	
S	0				1			0	
CP	0	1	0	0	1	0	0	1	0
Q									

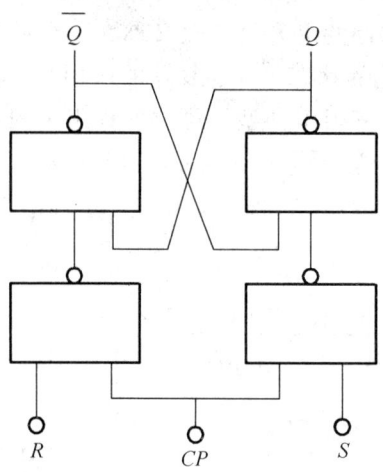

图 5.13 同步 RS 触发器接线图

2. JK 触发器

用 74LS78 作为测试器件，如图 5.14 所示，使用 74LS78 时，注意其 1 脚作为 CP 输入端。

（1）异步置位和复位功能测试。

$\bar{R}_D$、$\bar{S}_D$ 端加表 5.5 规定的电平，CP、J、K 端均为任意状态，用实验仪"电平显示"分别测量输出端逻辑状态，将其结果记入表 5.12 中。

表 5.12 异步置位和复位功能测试数据

CP	J	K	$\bar{R}_D$	$\bar{S}_D$	Q	$\bar{Q}$
×	×	×	0	1		
×	×	×	1	0		

注：表中"×"为任意状态（下同）。

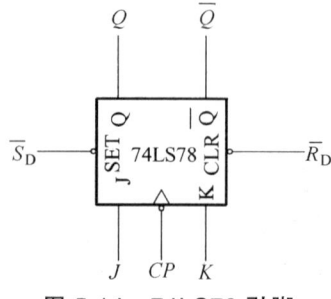

图 5.14 74LS78 引脚

（2）逻辑功能测试 74LS78 的 CP 端接至"单次脉冲"，$\bar{R}_D$、$\bar{S}_D$ 接"1"电平，在 $CP = 0$ 状态下，J、K 端状态分别有四种情况，按表 5.13 预置 Q 端状态，CP 经 0→1→0→1→0（由"单次脉冲"供给，模拟两个脉冲），由"电平显示"测量输出 Q 逻辑电平，记入表 5.13 中。

第五章 数字电路实验

表 5.13 逻辑功能测试数据

J	0					1					0					1				
K	0					0					1					1				
CP	0	1	0	1	0	0	1	0	1	0	0	1	0	1	0	0	1	0	1	0
Q	1					1					1					1				
	0					0					0					0				

注：表中 Q 栏已注明电平是要求预置的电平。

3. D 触发器

用 74LS74 做测试器件，如图 5.15 所示。注意它是一块双 D 触发器，即一块器件含有两个 D 触发器，实验时只需测试其中任何一个器件即可。

（1）异步置位和复位功能测试。

$\overline{R}_D$、$\overline{S}_D$ 端加表 5.14 规定的电平。CP、D 端均为任意状态，分别测量输出端逻辑状态，将其结果记入表 5.14 中。

表 5.14 异步置位和复位功能测试数据

CP	D	$\overline{R}_D$	$\overline{S}_D$	Q	$\overline{Q}$
×	×	0	1		
×	×	1	0		

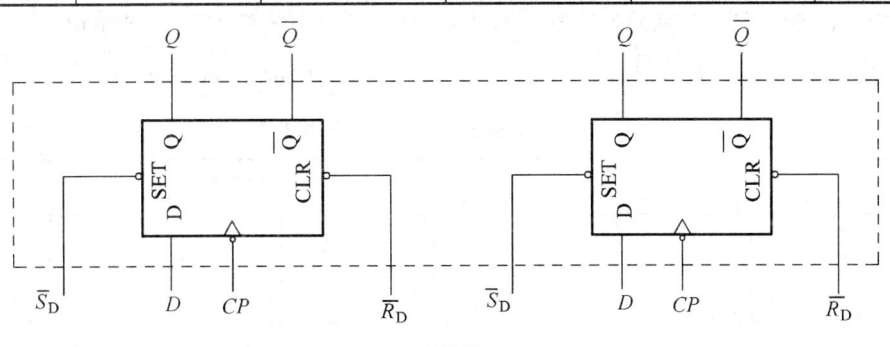

74LS74

图 5.15 74LS74 内部结构及引脚

（2）逻辑功能测试（见表 5.15）。

表 5.15 逻辑功能测试数据

D	0					1				
CP	0	1	0	1	0	0	1	0	1	0
Q	0					0				
	1					1				

注：表中 Q 栏已注明之电平状态，是要求预置的状态。

将74LS74的CP端换至"单次脉冲",$\overline{R}_D$、$\overline{S}_D$接"1"电平。在CP=0的状态下,D端状态分别有两种情况,按表5.15预置Q端状态。CP经0→1→0→1→0(由"单次脉冲"供给,模拟两个脉冲)。测量输出端Q的逻辑电平,记入表5.15中。

(二)方案二

1. 触发器之间的相互转换实验设计

在集成触发器的产品中,每一种触发器都有自己固定的逻辑功能,但可以利用转换的方法获得具有其他功能的触发器。例如将JK触发器的J、K两端连在一起,并认它为T端,就得到所需的T触发器。T触发器的功能如表5.16所示。

表5.16 T触发器的逻辑功能

输入				输出
$\overline{S}_D$	$\overline{R}_D$	CP	T	Q^{n+1}
0	1	×	×	1
1	0	×	×	0
1	1	↓	0	Q^n
1	1	↓	1	$\overline{Q}^n$

要求用JK触发器构成D触发器,写出其状态方程和实验原理,画出电路图,完成逻辑状态测试表,记入表5.17中。

表5.17 D触发器逻辑状态测试表

JK→D	0					1				
CP	0	1	0	1	0	0	1	0	1	0
Q	0					0				
	1					1				

注:表中Q栏已注明之电平状态,是要求预置的状态。

2. 应用D触发器构成加法计数器实验设计

(1)要求用JK触发器构成一个三位同步二进制加法计数器,各触发器的输出端Q_C、Q_B、Q_A分别由发光二极管输出,其对应转换状态为 000→001→010→011→100→101→110→111,写出实验原理,画出电路图,完成逻辑状态测试表。

(2)要求用D触发器构成一个三位同步二进制减法计数器,各触发器的输出端Q_C、Q_B、Q_A分别由发光二极管输出,其对应转换状态为 111→110→101→100→011→010→001→000,写出实验原理,画出电路图,完成逻辑状态测试表。

六、注意事项

（1）注意触发器的约束条件。
（2）注意各触发器的触发方式。

七、实验报告要求

（1）完成数据表格，写出状态方程和实验原理。
（2）画出实验电路图。
（3）回答思考题。

八、思考题

（1）说明 74LS74D 触发器与由 74LS78JK 触发器组成的 D 触发器有何区别。
（2）写出所设计的加法及减法计数器的实验原理。

实验三　编码器和译码器

一、实验目的

（1）掌握二进制编码器的逻辑功能及编码方法。
（2）掌握译码器的逻辑功能，了解常用集成译码器件的使用方法。

二、实验仪器

（1）数字电路实验箱 1 台。
（2）元件：74LS13（3 片），74LS00（1 片），74LS48（1 片），74LS138（1 片）。

三、实验预习要求

（1）查阅所用器件的引脚标号。
（2）分析 74LS48 的功能表，了解各端口的功能及相互关系；摘录其引脚排列图备用。

四、实验原理

编码是指用二进制代码按一定规律组成不同的代码来表示特定的对象（可以是数字、

文字、符号等）的过程。实现编码操作的电路称为编码器。常见有二进制和二-十进制编码器。n 位二进制代码，可以编 2^n 个状态。编码器根据输入/输出，可分为：4-2 线、8-3 线、16-4 线编码器。

译码器是一个多输入、多输出的组合逻辑电路。它的作用是把给定的代码进行"翻译"，变成相应的状态，使输出通道中相应的一路有信号输出。译码器在数字系统中有广泛的用途，不仅用于代码的转换、终端的数字显示，还用于数据分配、存储器寻址和组合控制信号等。不同的功能可选用不同种类的译码器。

译码器可分为通用译码器和显示译码器两大类。前者又分为变量译码器和代码变换译码器。

变量译码器（又称二进制译码器），用以表示输入变量的状态，如 2 线-4 线、3 线-8 线和 4 线-16 线译码器。若有 n 个输入变量，则有 2^n 个不同的组合状态，就有 2^n 个输出端供其使用。而每一个输出所代表的函数对应于 n 个输入变量的最小项。二进制译码器实际上是负脉冲输出的脉冲分配器，而且还能方便地实现逻辑函数。典型的变量译码器有 3 线-8 线译码器 74LS138。

数码显示译码器除了译码功能外，还可作数码管的驱动器。常用的是 BCD 码七段译码驱动器。

此类译码器型号有 74LS47（共阳）、74LS48（共阴）、CC4511（共阴）等。

五、实验内容及步骤

1. 二进制编码器功能测试

用两片与非门 74LS13 按图 5.16 连好电路，通过开关 K（可用一接地连线代替）使 0~7 依次接地；用实验仪"电平显示"测试 A、B、C 三个输出端，将其测试结果记入表 5.18 中。

表 5.18 二进制编码器功能测试数据表

开关 K	输出		
	C	B	A
0			
1			
2			
3			
4			
5			
6			
7			

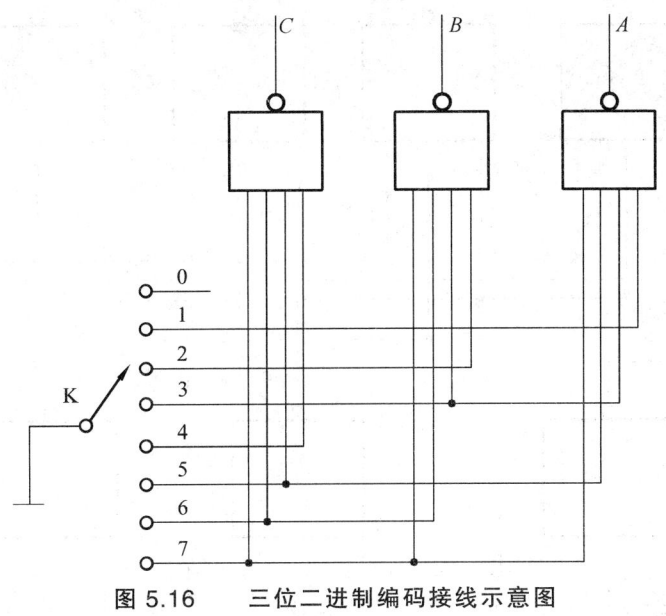

图 5.16 三位二进制编码接线示意图

2. 2-4 线译码器功能测试

用两片与非门 74LS13 和一片 74LS00 按图 5.17 连好电路，按表 5.18 要求加入输入变量，用实验箱"电平显示"分别测试 Q_0、Q_1、Q_2、Q_3 相应的电平状态，将其结果记入表 5.19 中。

表 5.19　2-4 线译码器功能测试数据表

输	入		输		出	
S	A_1	A_0	Q_3	Q_2	Q_1	Q_0
0	0	0				
0	0	1				
0	1	0				
0	1	1				
1	0	0				
1	0	1				
1	1	0				
1	1	1				

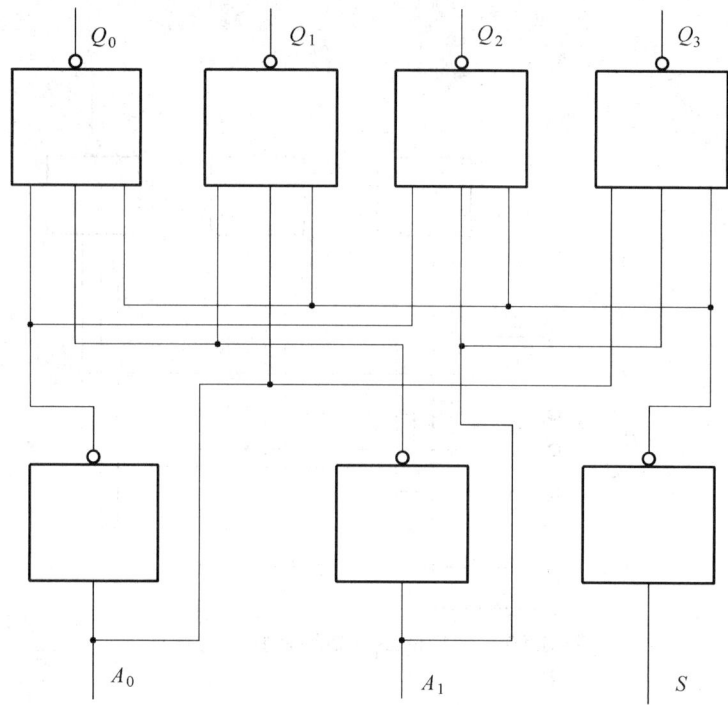

图 5.17 2-4 线译码器接线图

3. 七段数字显示译码驱动器

74LS48 是能够直接驱动共阴极发光二极管七段数字显示管的译码器(又可称为译码驱动器)。将被测 74LS48 器件的输出端 a、b、…、g 与数码显示管的输入端 a、b、…、g 对应相连,按表 5.20 要求加给输入变量,用万用表分别测量输出端 $a \sim g$ 的输出电压;同时在数码显示管上观察其显示字形。将结果一并记入表 5.20 中。

表 5.20 七段数字显示译码驱动器测试结果

功能	使能端			译码输入	译码输出端电压							字形
	$\overline{LT}$	$\overline{RBI}$	$\overline{BI}/\overline{RBO}$	D C B A	a	b	c	d	e	f	g	
译码	1	1	1	0 0 0 0								
	1	×	1	0 0 0 1								
	1	×	1	0 0 1 0								
	1	×	1	0 0 1 1								
	1	×	1	0 1 0 0								
	1	×	1	0 1 0 1								

续表

功能	使能端			译码输入	译码输出端电压							字形
	$\overline{LT}$	$\overline{RBI}$	$\overline{BI}/\overline{RBO}$	$D\ C\ B\ A$	a	b	c	d	e	f	g	
译码	1	×	1	0 1 1 0								
	1	×	1	0 1 1 1								
	1	×	1	1 0 0 0								
	1	×	1	1 0 0 1								
	1	×	1	1 0 1 0								
	1	×	1	1 0 1 1								
	1	×	1	1 1 0 0								
	1	×	1	1 1 0 1								
	1	×	1	1 1 1 0								
	1	×	1	1 1 1 1								
灭灯	×	×	0	× × × ×								
灭零	1	0	输出 0	0 0 0 0								
试灯	0	×	1	× × × ×								

注:"×"表示任意电平。

$\overline{RBI}$ 灭零使能,0 电平有效。$\overline{LT}$ 试灯使能,0 电平有效。

$\overline{BI}/\overline{RBO}$ 灭灯(0 电平有效)使能/灭零信号输出。在需要灭灯时,从此端加入灭灯使能信号,若不需要作灭灯处理而要作灭零处理时,在此端有 $\overline{RBI}$ 端所加灭零信号的输出。

4. 设计实验

1)方案一

设计一台只能识别硬币的方便面、汽水自动售货机的控制电路,其框图如图 5.18 所示。要求用 74LS138 和 74LS00 实现。设计要求:方便面为每袋一元六角,汽水为一元。售货机有三个投币口(一个为一元,一个为五角,一个为一角)。

试设计该逻辑电路(把计数器的输出当作译码器输入);实验测试;列表记录实验结果。

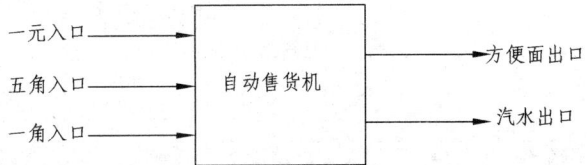

图 5.18 自动售货机的控制电路原理框图

2）方案二

除了完成方案一中自动售货机控制电路外，请用与非门设计密码锁，其密码为 1001。如图 5.19 所示，当密码为 1001 时，绿灯亮，表示密码锁开启；其他密码红灯亮，表示非法码。

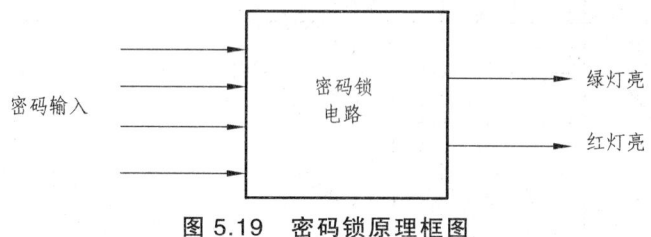

图 5.19　密码锁原理框图

六、实验报告要求

（1）整理实验结果（含自行设计电路）。
（2）用实验结果说明图 5.14、5.15 及 74LS48 的逻辑功能。
（3）画出自行设计的电路，并自理实验步骤。
（4）用实验结果说明自行设计电路的功能。

七、思考题

（1）用译码器 74138 和适当的逻辑门实现函数 $F = \overline{AB}\overline{C} + A\overline{B}\overline{C} + AB\overline{C} + ABC$。
（2）应用 74151 实现 $Y = A\overline{B}\overline{C} + A\overline{B}C + \overline{A}BC$ 的逻辑功能。

实验四　计数器及其应用

一、实验目的

（1）学习用集成触发器构成计数器的方法。
（2）掌握中规模集成计数器的使用及功能测试方法。
（3）运用集成计数器构成 1/N 分频器。

二、实验仪器

（1）双踪示波器。
（2）数字实验箱。
（3）元件：74LS74，74LS20，74LS90。

三、实验预习要求

（1）根据实验任务要求，预习加法计数器的原理。
（2）预习 74LS90 集成电路各管脚功能。
（3）对方案二，根据实验任务要求设计组合电路，并写出实验步骤，以及测试方法。

四、实验原理

计数器是一个用以实现计数功能的时序部件，它不仅可用来计脉冲数，还可用作数字系统的定时、分频和执行数字运算及其他特定的逻辑功能。

计数器的工作原理就是记录输入脉冲的个数。其所能记录脉冲数目的最大值，即电路所能表示状态数目的最大值，称为计数器的模。根据计数器的模值不同，有二进制、十进制和任意进制计数器之分。按构成计数器中的各触发器是否使用一个时钟脉冲源来分，可分为同步计数器和异步计数器。根据计数的增减趋势来分，又分为加法、减法和可逆计数器，以及可预置数和可编程序功能计数器等。目前，无论是 TTL 还是 CMOS 集成电路，都有品种较齐全的中规模集成计数器。使用者只要借助于器件手册提供的功能表和工作波形图以及引出端的排列，就能正确地运用这些器件。

五、实验内容及步骤

（一）方案一

1. 用 74LS74 D 触发器构成 4 位二进制异步加法计数器

（1）按图 5.20 接线，$\overline{R}_D$ 接逻辑开关输出插口，将 CP_0 端接单次脉冲源，输出端 Q_0、Q_1、Q_2、Q_3 接逻辑电平显示输入插口，各 $\overline{S}_D$ 接高电平"1"。

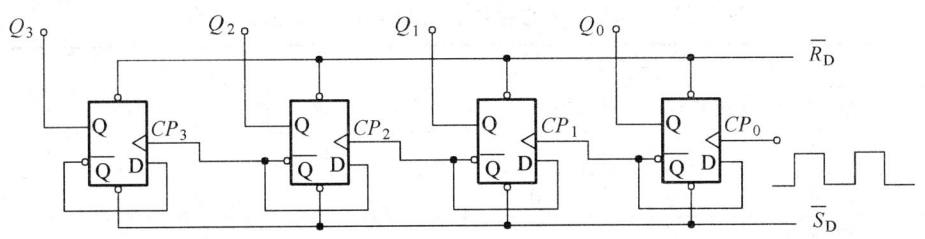

图 5.20　四位二进制异步加法计数器

（2）按表 5.21 的要求，逐个送入单次脉冲，观察并记录 $Q_3 \sim Q_0$ 状态。
（3）将单次脉冲改为 1 kHz 的连续脉冲，用示波器分别观察 $Q_3 \sim Q_0$ 端的波形状态，并与输入的连续脉冲 CP_0 进行比较。将图绘于表 5.22 中。

表 5.21 加法计数器输出状态

$\bar{R}_D$	$\bar{S}_D$	CP	Q_3	Q_2	Q_1	Q_0
1	0	×				
0	1	×				
1	1	1				
1	1	2				
1	1	3				
1	1	4				

表 5.22 输入、输出波形

CP_0	
Q_0	
Q_1	
Q_2	
Q_3	

2. 74LS90 二-五-十进制异步计数器逻辑功能的测试

1) 74LS90 的置位、复位功能

将 74LS90 计数器的 $R0(1)$、$R0(2)$,$R9(1)$、$R9(2)$ 端按表 5.23 的要求加入规定的电平,输出端 Q_D、Q_C、Q_B、Q_A 接逻辑电平显示输入插口,用"电平显示"分别测试 Q_D、Q_C、Q_B、Q_A 的电平状态,将结果记入表 5.23 中。

2) 74LS90 计数功能测试

(1) BCD 码输出:将 $R0(1)$ 和 $R0(2)$,$R9(1)$ 和 $R9(2)$ 两组端子中,每组至少取其中一个端子加入零电平(接地);把 Q_A 与 CP_B 相连,CP_A 接单次脉冲源;经清零处理后,逐个送入单次脉冲,用"电平显示"分别测试 Q_D、Q_C、Q_B、Q_A 相应的电平状态,将其结果记入表 5.23 中。

表 5.23 74LS90 的置位、复位功能测试输出状态

输入				输出			
$R0(1)$	$R0(2)$	$R9(1)$	$R9(2)$	Q_D	Q_C	Q_B	Q_A
1	1	0	×				
1	1	×	0				
×	×	1	1				
×	0	×	0	计 数			
0	×	0	×	计 数			
0	×	×	0	计 数			
×	0	0	×	计 数			

（2）二-五进制计数输出：断开 Q_A 与 CP_B 的连线，将 Q_D 与 CP_1 相连；"单次脉冲"作为 CP 信号加至 CP_B，经清零处理后，逐个送入单次脉冲，用"电平显示"分别测试 Q_D、Q_C、Q_B、Q_A 相应的电平状态，将其结果记入表 5.24 中。

表 5.24 74LS90 计数功能测试输出状态

CP 脉冲	BCD 码				二-五进制计数输出			
	Q_D	Q_C	Q_B	Q_A	Q_A	Q_D	Q_C	Q_B
1								
2								
3								
4								
5								
6								
7								
8								
9								
10								

3. 用 74LS90 和与非门 74LS20 构成一个七进制计数器

（1）写出设计过程。

（2）画出电路图。

（3）进行逻辑功能测试，将结果记录在自己拟定的表格中。

（二）方案二

在完成方案一中第二步（74LS90 二-五-十进制异步计数器逻辑功能的测试）的基础上，设计实验方案，用两片 74LS90、一片 74LS00 构成一个 60 进制秒表，要求有清零和暂停功能，绘出电路图，并记录结果。

六、注意事项

（1）注意各芯片的管脚功能。

（2）注意实验线路的连接。

七、实验报告要求

（1）画出实验线路图，记录、整理实验现象及实验所得的有关波形，对实验结果进行分析。

（2）总结使用集成计数器的体会。

八、思考题

（1）如何用最简便的方法将加法计数器改变成减法计数器？
（2）用 JK 触发器如何构成四位加法计数器？

实验五　555 定时器的功能及脉冲信号的产生与变换

一、实验目的

（1）掌握 555 定时器的功能。
（2）熟悉 555 定时器定时原理并能正确应用 555 定时器组成脉冲信号的产生与变换电路。

二、实验仪器

（1）数字电子技术实验箱 1 套。
（2）方案二的关键器件：555 定时器，电阻（3.9 kΩ），可调电位器（10 kΩ、2.2 kΩ、470 Ω），二极管（2CK13），电容（1 000 pF、0.047 μF、0.01 μF）。

三、实验预习要求

（1）熟悉实验原理，了解 555 定时器的基本逻辑功能、电路结构及工作原理。
（2）预习实验内容，选择实验方案，摘录引线脚标号备用，写好预习报告。
（3）对具有设计性内容的实验，完成该设计，并利用计算机与电路仿真软件进行仿真。

四、实验原理

集成时基电路又称为集成定时器或 555 电路，是一种数字、模拟混合型的中规模集成电路，应用十分广泛。它是一种产生时间延迟和多种脉冲信号的电路，由于内部电压标准使用了三个 5 kΩ 电阻，故取名 555 电路。其电路类型有双极型和 CMOS 型两大类，二者的结构与工作原理类似。几乎所有的双极型产品型号最后的三位数码都是 555 或 556；所有的 CMOS 产品型号最后四位数码都是 7555 或 7556，二者的逻辑功能和引脚排列完全相同，易于互换。555 和 7555 是单定时器。556 和 7556 是双定时器。双极型

的电源电压 $V_{CC} = +5 \sim +15$ V，输出的最大电流可达 200 mA，CMOS 型的电源电压为 $+3 \sim +18$ V。

1. 555 电路的工作原理

555 电路的内部电路方框图如图 5.21 所示。它含有两个电压比较器，一个基本 RS 触发器，一个放电开关管 T。比较器的参考电压由三只 5 kΩ 的电阻器构成的分压器提供。它们分别使高电平比较器 A_1 的同相输入端和低电平比较器 A_2 的反相输入端的参考电平为 $\frac{2}{3}V_{CC}$ 和 $\frac{1}{3}V_{CC}$。A_1 与 A_2 的输出端控制 RS 触发器状态和放电管开关状态。当输入信号自 6 脚输入，即高电平触发输入并超过参考电平 $\frac{2}{3}V_{CC}$ 时，触发器复位，555 的输出端 3 脚输出低电平，同时放电开关管导通；当输入信号自 2 脚输入并低于 $\frac{1}{3}V_{CC}$ 时，触发器置位，555 的 3 脚输出高电平，同时放电开关管截止。

$\overline{R}_D$ 是复位端（4 脚），当 $\overline{R}_D = 0$，555 输出低电平。平时 $\overline{R}_D$ 端开路或接 V_{CC}。

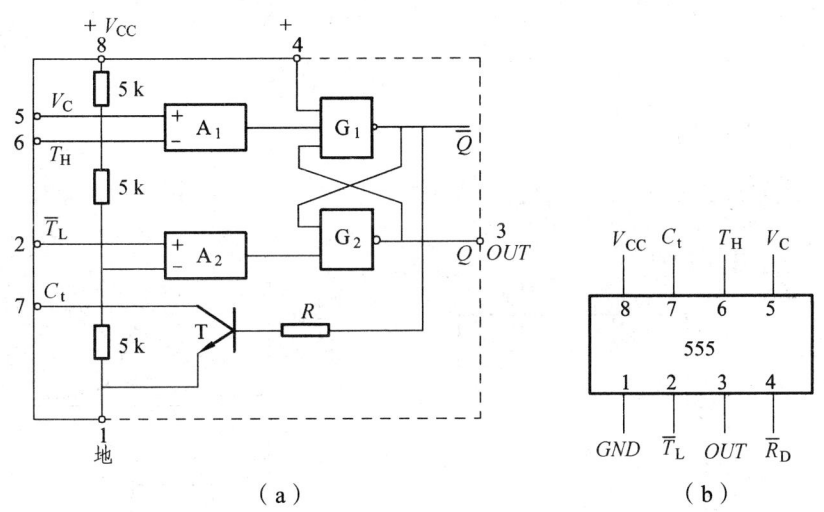

图 5.21　555 定时器内部框图及引脚排列

V_C 是控制电压端（5 脚），平时输出 $\frac{2}{3}V_{CC}$ 作为比较器 A_1 的参考电平，当 5 脚外接一个输入电压，即改变了比较器的参考电平，从而实现对输出的另一种控制，在不接外加电压时，通常接一个 0.01 μF 的电容器到地，起滤波作用，以消除外来的干扰，确保参考电平的稳定。

T 为放电管，当 T 导通时，将给接于脚 7 的电容器提供低阻放电通路。

555 定时器主要是与电阻、电容构成充放电电路，并由两个比较器来检测电容器上的电压，以确定输出电平的高低和放电开关管的通断。这就很方便地构成从微秒到数十分钟的延时电路，可方便地构成单稳态触发器、多谐振荡器、施密特触发器等脉冲产生或波形变换电路。

2. 555定时器的典型应用——构成单稳态触发器

图5.22（a）为由555定时器和外接定时元件 R、C 构成的单稳态触发器。触发电路由 C_1、R_1、D 构成，其中 D 为钳位二极管，稳态时555电路输入端处于电源电平，内部放电开关管 T 导通，输出端 F 输出低电平，当有一个外部负脉冲触发信号经 C_1 加到2端，并使2端电位瞬时低于 $\frac{1}{3}V_{CC}$ 时，低电平比较器动作，单稳态电路即开始一个暂态过程，电容 C 开始充电，U_C 按指数规律增长。当 U_C 充电到 $\frac{2}{3}V_{CC}$ 时，高电平比较器动作，比较器 A_1 翻转，输出 U_o 从高电平返回低电平，放电开关管 T 重新导通，电容 C 上的电荷很快经放电开关管放电，暂态结束，恢复稳态，为下个触发脉冲的到来做好准备。波形图如图5.22（b）所示。

暂稳态的持续时间 t_w（即为延时时间）决定于外接元件 R、C 值的大小。即

$$t_w = 1.1RC$$

通过改变 R、C 的大小，可使延时时间在几个微秒到几十分钟之间变化。这种单稳态电路作为计时器时，可直接驱动小型继电器，并可以使用复位端（4 脚）接地的方法来终止暂态，重新计时。此外尚需一个续流二极管与继电器线圈并接，以防继电器线圈反电势损坏内部功率管。

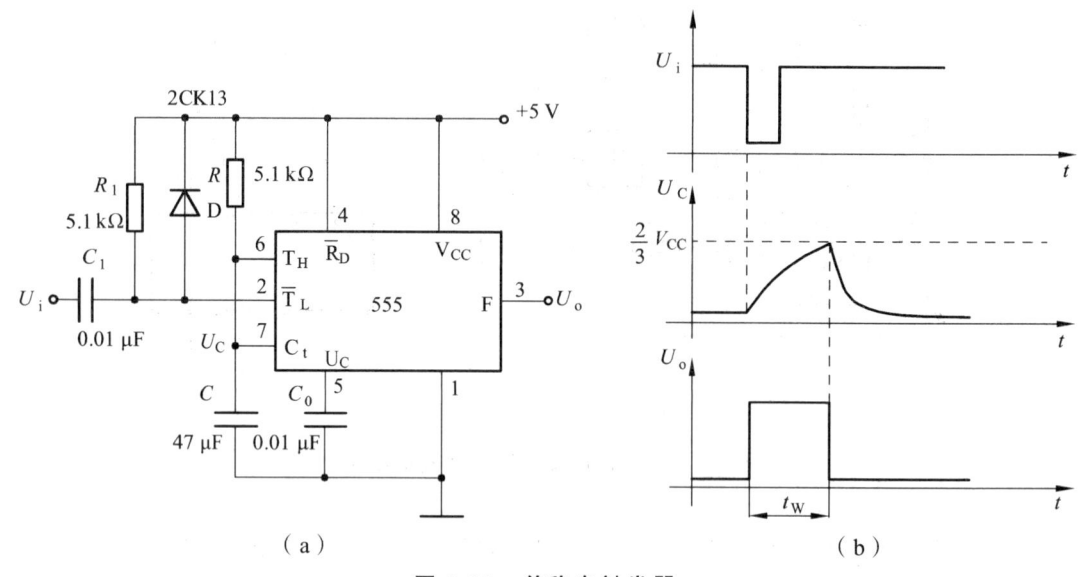

图5.22 单稳态触发器

五、实验内容及步骤

（一）方案一

1. 555定时器功能测试

按照图5.23所示连好实验电路，在 T_H、T_L、R 端按表5.25要求加给电压，用电压表分别测量 U_o、U_D 对应的电压，并据此判断放电三极管的工作状态，将其结果记入表5.25。

表 5.25 555 定时器功能测试数据

T_H	T_L	R	U_o	U_D	放电三极管工作状态
×	×	0			
$>2/3V_{CC}$	$>1/3V_{CC}$	1 电平			
$<2/3V_{CC}$	$>1/3V_{CC}$	1 电平			
$<2/3V_{CC}$	$<1/3V_{CC}$	1 电平			
$>2/3V_{CC}$	$<1/3V_{CC}$	1 电平			

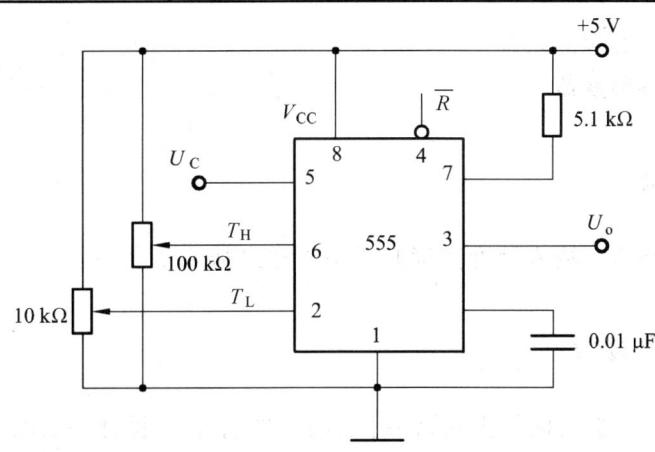

图 5.23 555 定时器功能测试接线图

2. 单稳态触发器

按照图 5.24 所示连好实验电路，用实验仪"连续脉冲"约 20 kHz 的信号作输入触发器信号 U_i，用示波器双踪观测输出信号 U_o 与输入信号 U_i 的波形，比较其关系，从小到大变化 W_1，观测输出信号波形的变化，记录输出脉冲（即暂态时间）的最大值和最小值及 U_o、U_i 的波形于图 5.25 中。

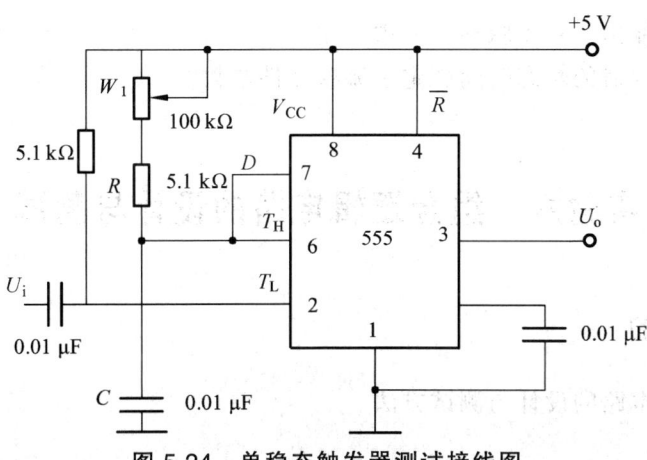

图 5.24 单稳态触发器测试接线图

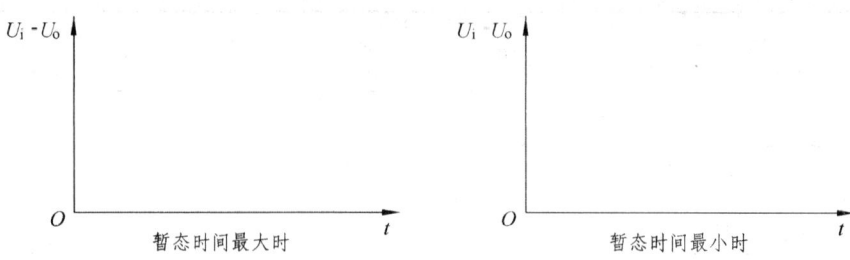

图 5.25 输入输出信号波形图

(二) 方案二

(1) 完成方案一的全部内容。
(2) 组成施密特触发器。

六、注意事项

测试单稳态电路时,输入脉冲宽度必须小于输出脉冲宽度 t_W。

七、实验报告要求

(1) 整理并填写实验数据与实验结果(含波形图),自行设计必需的实验数据表格并填写数据。
(2) 写出状态方程和实验原理。
(3) 画出实验电路图。
(4) 回答思考题。

八、思考题

(1) 如何调整输出信号(脉冲)的占空比?
(2) 单稳态触发器的暂态时间决定于哪些元件参数?

实验六　组合逻辑电路的设计与测试

一、实验目的

掌握组合逻辑电路的设计与测试方法。

二、实验仪器

（1）+5 V 直流电源。
（2）逻辑电平开关。
（3）逻辑电平显示器。
（4）直流数字电压表。
（5）器件：74LS00×2，74LS86×1，74LS02×1。

三、实验预习要求

（1）根据实验任务要求设计组合电路，并根据所给的标准器件画出逻辑图。
（2）如何用最简单的方法验证"与或非"门的逻辑功能是否完好？
（3）"与或非"门中，当某一组与端不用时，应做何处理？
（4）如何用与或非门设计一位全加器？

四、实验原理

（1）使用中、小规模集成电路来设计组合电路是很常见的。设计组合电路的一般步骤如图 5.26 所示。

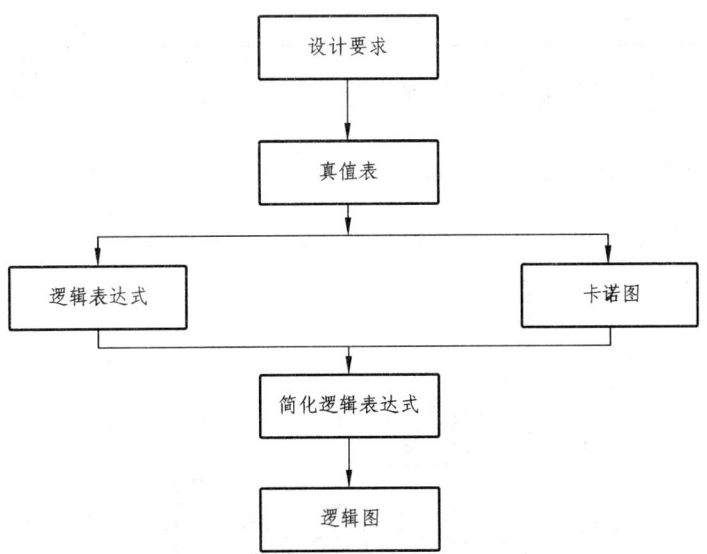

图 5.26　组合逻辑电路设计流程图

根据设计任务的要求建立输入、输出变量，并列出真值表。然后用逻辑代数或卡诺图化简法求出简化的逻辑表达式。并按实际选用逻辑门的类型修改逻辑表达式。根据简化后的逻辑表达式，画出逻辑图，用标准器件构成逻辑电路。最后，用实验来验证设计的正确性。

（2）组合逻辑电路设计举例。

用"与非"门设计一个表决电路。当 4 个输入端中有 3 个或 4 个为"1"时，输出端才为"1"。

设计步骤：根据题意列出真值表如表 5.26 所示，再填入卡诺图表 5.27 中。

表 5.26 真值表

D	0	0	0	0	0	0	0	0	1	1	1	1	1	1	1	1
A	0	0	0	0	1	1	1	1	0	0	0	0	1	1	1	1
B	0	0	1	1	0	0	1	1	0	0	1	1	0	0	1	1
C	0	1	0	1	0	1	0	1	0	1	0	1	0	1	0	1
Z	0	0	0	0	0	0	0	1	0	0	0	1	0	1	1	1

表 5.27 卡诺图表

BC \ DA	00	01	11	10
00				
01			1	
11		1	1	1
10			1	

由卡诺图得出逻辑表达式，并演化成"与非"的形式：

$$Z = ABC + BCD + ACD + ABD = \overline{\overline{ABC} \cdot \overline{BCD} \cdot \overline{ACD} \cdot \overline{ABD}}$$

根据逻辑表达式画出用"与非门"构成的逻辑电路如图 5.27 所示。

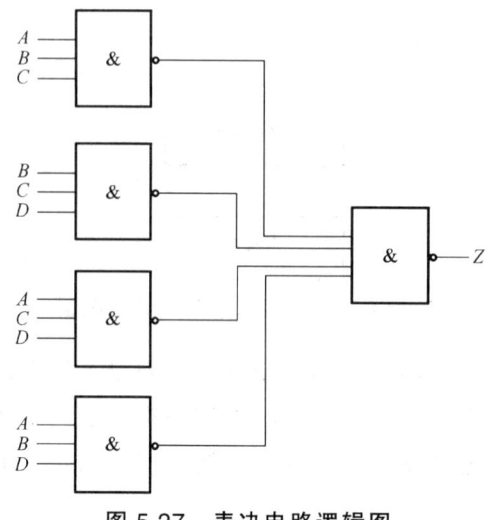

图 5.27 表决电路逻辑图

用实验验证逻辑功能：

在实验装置适当位置选定三个 14P 插座，按照集成块定位标记插好集成块 CC4012。

按图 5.27 接线，输入端 A、B、C、D 接至逻辑开关输出插口，输出端 Z 接逻辑电平显示输入插口，按真值表（自拟）要求，逐次改变输入变量，测量相应的输出值，验证逻辑功能，与表 5.26 进行比较，验证所设计的逻辑电路是否符合要求。

五、实验内容及步骤

（1）设计用与非门及用异或门、与门组成的半加器电路。
要求按本文所述的设计步骤进行，直到测试电路逻辑功能符合设计要求为止。
（2）设计一个一位全加器，要求用异或门、与非门、或非门组成。

六、注意事项

为防止干扰，集成电路的各输入端不要悬空。

七、实验报告要求

（1）列写实验任务的设计过程，画出设计的电路图。
（2）对所设计的电路进行实验测试，记录测试结果。
（3）写出组合电路设计体会。

第六章 综合性设计性实验

实验一 音频功率放大器设计

一、实验目的

（1）理解音频功率放大电路的工作原理。
（2）了解集成功率放大器的基本特点。
（3）了解音调控制原理，学习电路频率特性的测试。
（4）提高电子电路的综合调试能力。

二、实验仪器

（1）前置放大器。

集成运算放大器采用 TL082，它是 JFET（结型场效应管）输入，高输入阻抗运算放大器，为双运放。

C_1、C_2、C_3、C_4 采用电解电容，耐压为 16 V。

R_{p1} 选用碳膜电位器，所有电阻都采用碳膜电阻，额定功率为 1/8 W。

（2）功率放大器。

集成功率放大器为 TDA2030。

R_{p2} 为碳膜电位器。

C_5、C_6 为电解电容，耐压为 16 V，C_7、C_8、C_9 为瓷介电容。

R_{11}、R_{12}、R_{13} 为碳膜电阻，额定功率为 1/8 W。R_{14} 为碳膜电阻，额定功率为 1/4 W。

D_1、D_2 为 IN4001 小功率整流二极管。

B 为 4 Ω 或 8 Ω、15 W 全频扬声器。

（3）变压器 B 选用额定功率为 20 W、输出双交流 15 V 的电源变压器。$D_3 \sim D_6$ 采用 1N4004 型整流二极管。三端集成稳压器 7812、7912 采用 S-7 型封装，外加散热器。C_{10}、C_{11} 为电解电容 2 200 μF/25 V。C_{12}、C_{13} 可选用 0.33 μF 独石电容。C_{14}、C_{15} 采用电解电容 100 μF/15 V。D_7、D_8 采用二极管 1N4001。D_9、D_{10} 采用直径 5 mm 普通圆形发光二极管，可分别选用红色、绿色。R_{15}、R_{16} 选用碳膜电阻 1 kΩ 1/8 W。

三、实验预习要求

（1）查阅并理解音频功率放大电路的工作原理。
（2）了解扩音机电路的各项指标及测试方法。

四、实验原理

本方案采用前置放大器、集成功率放大器和电源三大部分组成。

（1）前置放大器的任务是把各种信号源送来的声音信号进行足够的放大，以供给功率放大器。电路如图 6.1 所示。

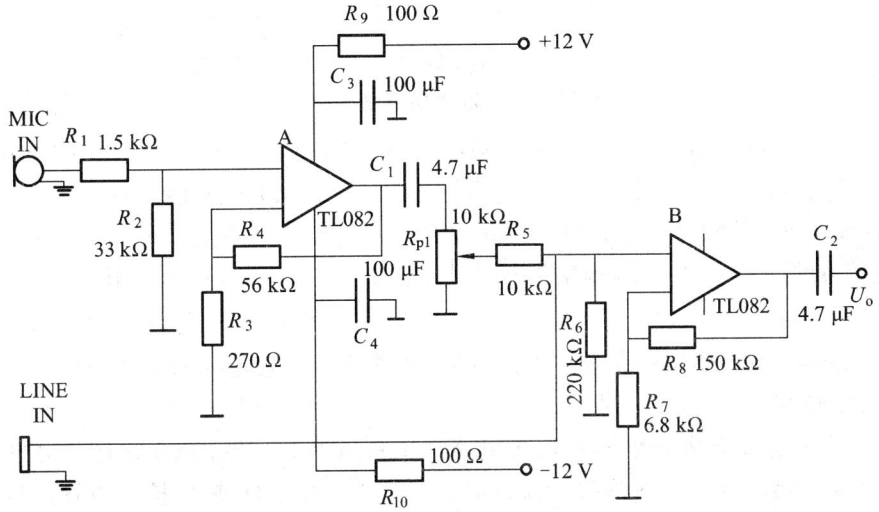

图 6.1　前置放大器电路图

图中话筒输入插口（MIC IN）接动圈式话筒，一般动圈式话筒的输出电压仅有几毫伏。线路输入插口（LINE IN）信号是由录音机或收音机来的高电平音频信号，这些信号为 150~500 mV。由于话筒送来的信号电压太小，因此必须先放大后，才能与线路输入来的信号进行混合放大。A 是由集成放大器组成的同相输入比例放大器，放大倍数约为 $(R_3+R_4)/R_3 = 210$ 倍，如果话筒输入电压是 1 mV，那么经过 A_1 放大可得 210 mV 的输出电压。

B 是集成运放组成的混合放大器，它也是一个同相输入放大器，放大倍数为 $(R_7+R_8)/R_7 = 20$ 倍，其输出信号电压可达 3 V 左右，足以推动功率放大器。

电位器 R_{p1} 可用来调节话筒来的信号的大小，R_5 是隔离电阻，可以避免当 R_{p1} 动端移至接地端时，线路来的信号被短路到地。

R_9、C_3、R_{10}、C_4 是电源去耦电路，以防止电源交流声和汽船声。C_1、C_2 为耦合电容。

（2）功率放大器是把经前置放大器进行电压放大以后的音频信号再进行功率放大，以输出可以驱动扬声器发出声音的电压信号，电路图如图 6.2 所示。

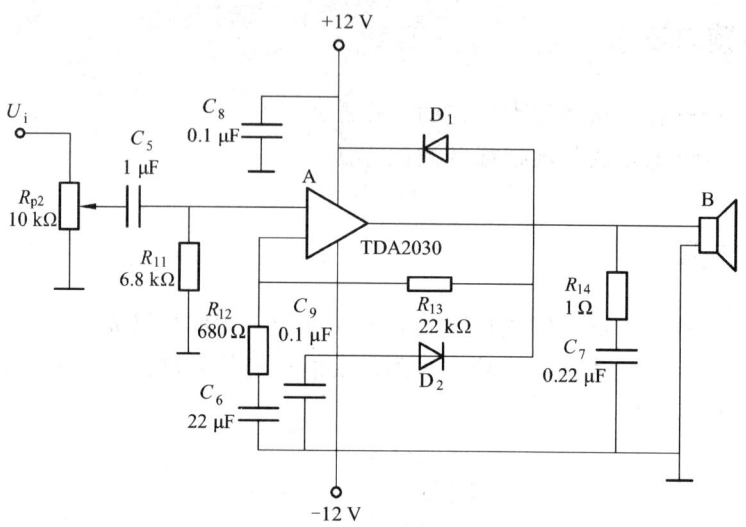

图 6.2 集成功率放大器

TDA2030 是高保真集成功率放大器,输出功率大于 10 W,频率响应为 10 ~ 140 kHz,输出电流峰值最大可达 3.5 A。其内部电路包含输入级、中间级和输出级,且有短路保护和过热保护,可确保电路工作安全可靠。TDA2030 的使用很方便,只需在其外部接少量元器件。

R_{p2} 是音量调节电位器,C_5 是输入耦合电容,R_{11} 是 TDA2030 同相输入偏置电阻。

R_{12}、R_{13} 决定了该电路交流负反馈的强弱及闭环增益。该电路的闭环增益为 $(R_{12}+R_{13})/R_{12}=(0.68+22)/0.68=33.3$ 倍,C_6 起隔直流作用,以使电路直流为 100% 负反馈。静态工作点稳定性好。

C_8、C_9 为电源高频旁路电容,防止电路产生自激振荡。R_{14}、C_7 称作为佐贝尔网格,用于在电路接有感性负载扬声器时,保证高频稳定性。D_1、D_2 是保护二极管,防止输出电压峰值损坏集成块 TDA2030。

(3)电源部分。图 6.3 所示电路是用三端集成稳压器 7812 和 7912 构成的具有 ±12 V 输出的直流稳压电源。

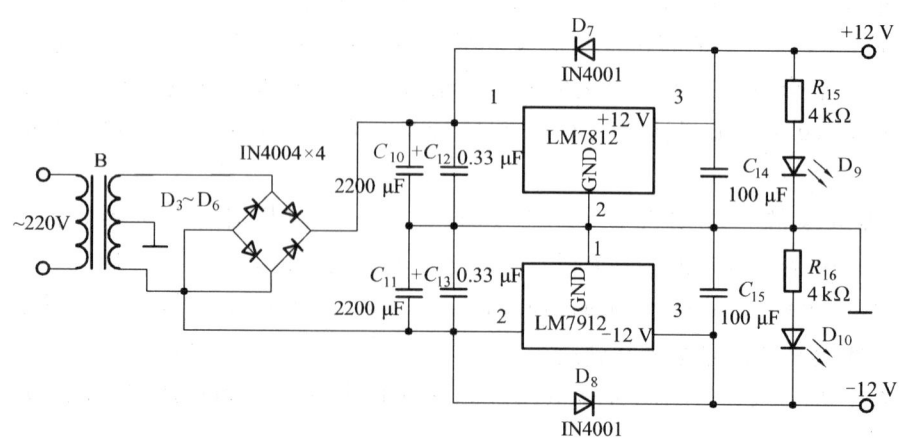

图 6.3 直流稳压电源

整个音频功率放大器电路见图 6.4。

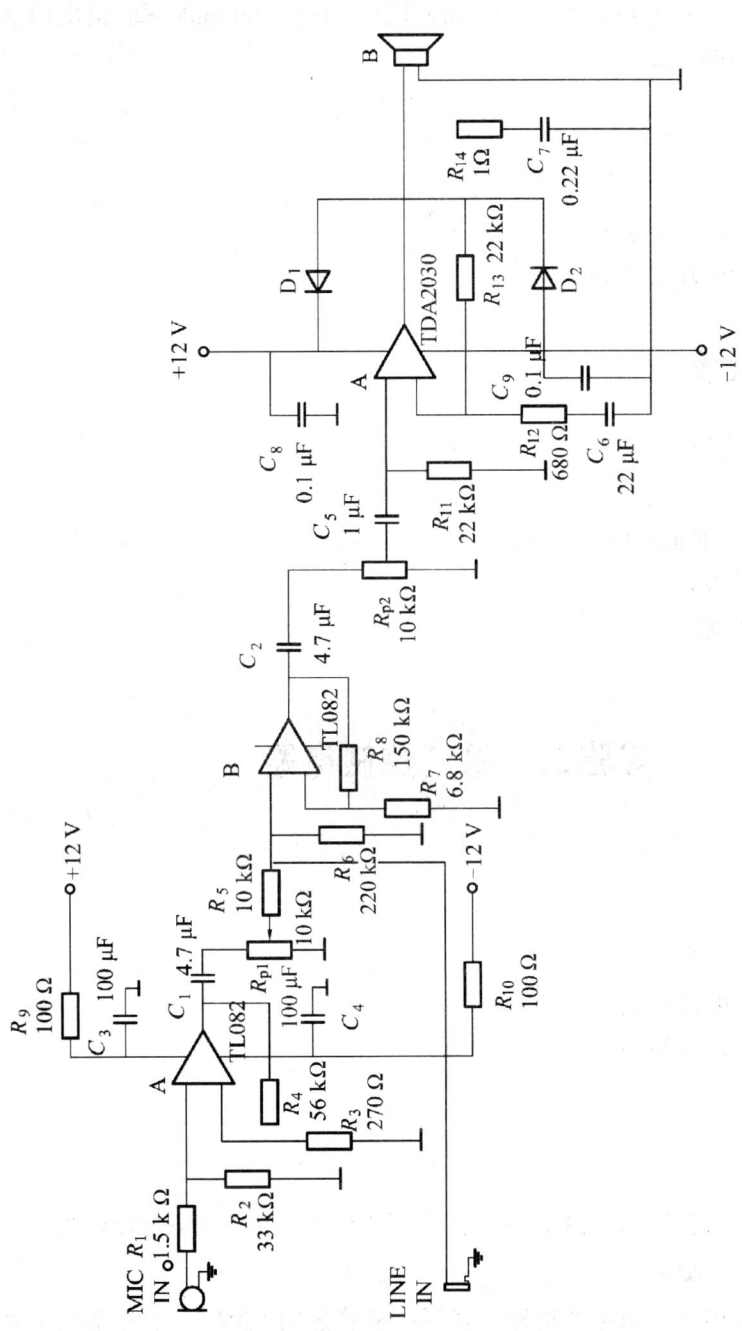

图 6.4 音频功率放大器电路

五、实验内容及步骤

设计并制作一个功率放大器，要求：① 输入信号：150~500 mV ② 输出功率：>10 W ③ 频带宽度：10~14 000 Hz。

六、注意事项

（1）注意元件和导线之间的连接。
（2）小心电流过大烧坏元器件。

七、实验报告要求

（1）音频功率放大器电路图。
（2）电路工作原理。
（3）电路各元器件的选择（列明细表）。
（4）实验测试结果报告。
TL082 管脚排列图见附录 1。

实验二　温度控制电路

一、实验目的

（1）学会放大器的使用。
（2）学会温度控制电路的制作。
（3）学会温度控制范围的调节。

二、实验设备

（1）A1~A4 选用四运放 LM324 集成块，采用单电源 +9 V 直流电压供电。
（2）V_T 选用 9012 三极管。
（3）VD1~VD5 选用 1N4004 二极管；稳压二极管选用 2DW7，稳压值为 6 V；LED1 选用 ϕ5 mm 红色发光二极管；LED2 选用 ϕ5 mm 绿色发光二极管。
（4）R_t 选用 T-121 型 NTC 热敏电阻传感器，具有负温度系数，在 25 ℃时其阻值是 10 kΩ。
（5）本次实验选用 9 V 继电器 JZC-23F（HG4123）。

三、实验预习要求

（1）查阅并了解温度控制电路的工作原理。
（2）查阅相关器件的功能使用。

四、实验原理

温度控制电路可由温度传感器、放大器、比较器及驱动电路等部分组成，组成框图如图 6.5 所示。温度传感器将温度信号转化为电压信号（正比于温度），测量放大器将传感器测温电路输出的微弱信号按一定比例进行放大，然后送到比较器与给定电压比较后，控制驱动电路带动执行机构中的继电器动作，进行加热或停止加热，以达到控制温度的目的。

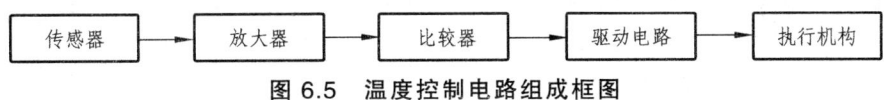

图 6.5 温度控制电路组成框图

一个实际的温度控制电路如图 6.6 所示，是由测温电桥、测量放大器、滞回比较器及三极管驱动电路等组成。测温电路是由温度传感器组成的测温电桥。在图中，R_1、R_2、R_3 和 R_t 为电桥的 4 个桥臂，其中 R_t 为热敏电阻传感器，电桥对角 A、B 两点为输出，接到测量放大器上，B 点电压 U_B 就是对应的温度值。电桥另一对角分别接电源电压 $U(+9\text{ V})$ 和地端。由于温度的不同，在测温电桥 A、B 点会产生不同的电压差，这个差值送入测量放大器中进行放大。

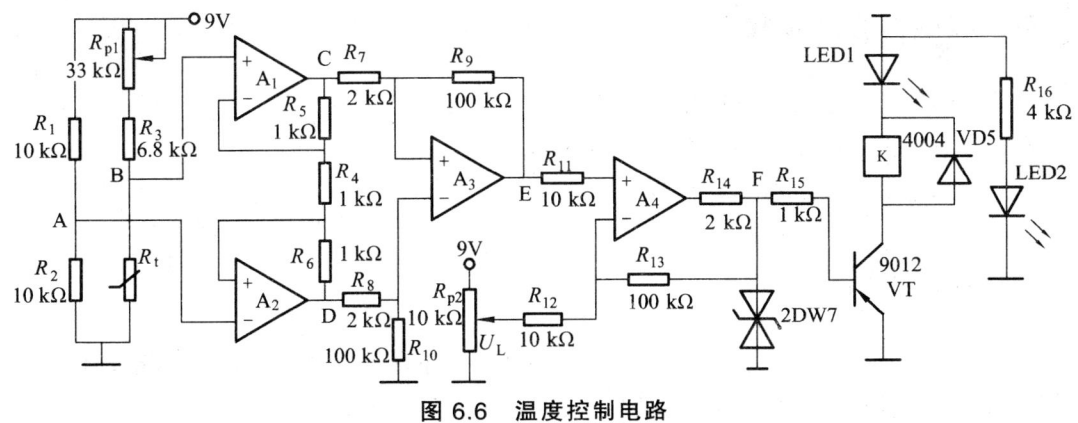

图 6.6 温度控制电路

放大器电路对传感器测温电路输出的微弱信号按一定的比例进行放大，要求输入电阻高，输出电阻低，同时应具有很高的共模抑制比及良好的温度特性。本实验放大器电路选择由四运放集成电路 LM324 中的 3 个运放组成的仪用放大器电路，如图 6.6 中的 A_1、A_2、A_3。图中 $R_5 = R_6$，$R_7 = R_8$，$R_9 = R_{10}$，其 E 点输出电压 $U_E = R_9/R_7(1 + 2R_5/R_4)(U_A - U_B)$。

信号被放大后进入滞回比较器的反相输入端，与比较电压 U_R 比较后，由滞回比较器输出信号给三极管,控制三极管导通还是截止,从而控制继电器是否动作。电路中设计有带滞回的电压比较器,其作用是防止温度在控制点附近变动时造成继电器的频繁通断。改变滞回电压比较器的比较电压 U_R 能改变控温的范围,控温的精度由滞回比较器的滞环宽度确定。滞环宽度(滞回电压)取决于 R_{12} 和 R_{13}。该电路的滞回电压为

$$\Delta U_r = \frac{2R_{12}}{R_{12} + R_{13}} U_z$$

式中,U_z 为 F 点电压,即稳压管 2DW7 的稳压值。图 6.6 的温度控制电路使用 9 V 电源供电,其供电电路如图 6.7 所示。

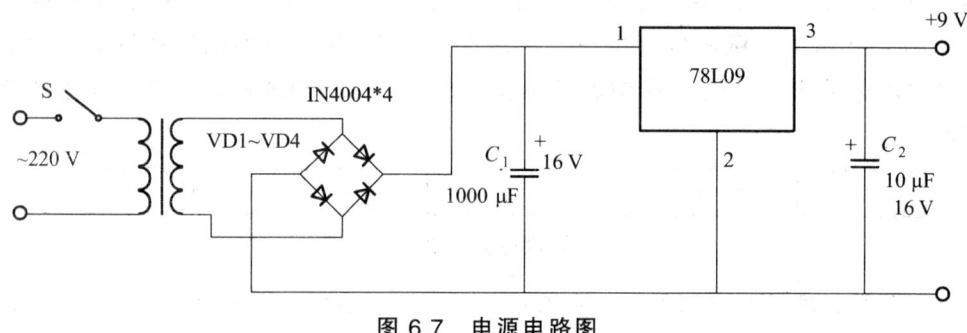

图 6.7 电源电路图

当检测温度低于设定温度时,比较器输出高电平,三极管 V_T 截止,继电器不吸合,LED1 灯不亮;当检测温度高于设定温度时,比较器输出低电平,三极管 V_T 导通,继电器吸合,LED1 亮,继电器对加热器或者制冷器进行控制。

五、实验内容及步骤

设计并制作一个温度控制电路。
要求:(1)温度控制范围为 20 °C ~ 100 °C。
(2)温控精度在 ±2 °C 以内。

六、注意事项

(1)认真审题,弄清题目要求,根据提供的元器件查找资料,实行模块化设计。
(2)接线、焊板、根据仿真电路图,认真接线,防止虚焊。

七、实验报告要求

(1)温度控制电路原理图。
(2)电路工作原理。
(3)实验测试结果报告。

实验三　简单交通灯电路的设计

一、实验目的

（1）掌握计数器 74LS193 和译码器 74LS138 的工作原理及使用方法。
（2）了解循环码节拍分配器的工作原理、设计方法及应用。
（3）实现简易交通电路的设计。

二、实验仪器

（1）数字电路实验箱 1 台。
（2）数字万用表 1 台。
（3）示波器 1 台。
（4）译码器 74LS138（1 片）；计数器 74LS193（1 片）；其他门电路若干。

三、实验预习要求

（1）复习计数器 74LS193 和译码器 74LS138 的工作原理及使用方法。
（2）根据实验要求设计电路。
（3）熟悉数字电路实验箱的使用，设计好实验步骤。

四、实验原理

1. 节拍分配器工作原理

如图 6.8 所示，节拍分配器是由 N 级触发器组成的计数器和 N 线译码器组成，对应计数器的 2^n 个状态，译码器使 2^n 个输出端只有一个输出呈现有效电平。在时钟脉冲的作用下，计数器改变状态，译码器的各个输出端就轮流出现有效电平。

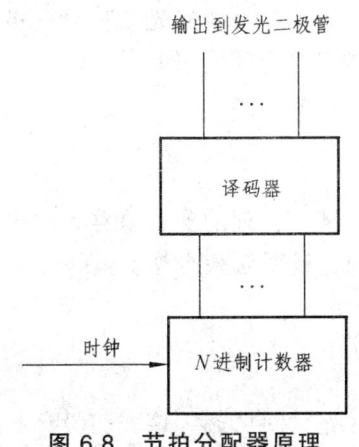

图 6.8　节拍分配器原理

当计数器是循环计数时,该节拍分配器就称为循环码节拍分配器,它常用于计算机通信设备中。

2. 节拍分配器的应用

基于节拍分配器的原理,可以设计彩灯控制器。利用译码器的各个输出端去控制不同的彩灯亮或不亮。当有两个彩灯连在一端时,就会两个两个地亮,其余类推。当在一个彩灯环中有多组彩灯时,把每组同个颜色连接在同一端就会产生移动的情形,但要考虑驱动问题。

五、实验内容

设计一个循环节拍分配电路——简易交通灯电路,要求:

(1)有三个输出端分别表示红、绿、黄三灯,交通灯亮的顺序是红、黄、绿、黄、红依次循环。

(2)三种灯亮的时间是红、绿灯每次亮 10 s,黄灯每次亮 5 s。

(3)具有手动控制功能,能使某种颜色的灯亮时间为定值。

(4)输出用发光二极管显示。

设计提示:

利用节拍分配器原理设计此电路,由计数器和译码器实现交通灯按红、黄、绿、黄、红依次循环。计数器由统一的时钟脉冲控制。本次实验红、绿灯与黄灯亮的时间比为 2∶1,故可利用译码器的其中三个输出管脚表示红灯、绿灯与黄灯,通过改变 CP 频率,即可实现实验要求。此外,假如控制信号 P 使 $CP = CP_1 \cdot P$,则当 $P = 1$ 时,实现自动控制;当 $P = 0$ 时,实现手动控制。

六、注意事项

(1)译码器 74LS138 控制端 E_1、E_2、E_3 = 001 才可译码,译码输入端是 C、B、A 由高到低。

(2)译码器输出是低电平有效,要考虑发光二极管的极性。

(3)计数器 74LS193 清零端是高电平有效。

七、实验报告要求

(1)根据实验内容的要求,设计合理的实验电路,画出逻辑电路图。

(2)分析实验中遇到的问题,说明解决办法。

八、思考题

上述交通灯电路如果要求灯亮时间可调,该如何设计?

实验四 智力竞赛抢答的综合设计与制作

一、实验目的

（1）学习数字电路中 D 触发器、分频电路、多谐振荡器、CP 时钟脉冲源等单元电路的综合运用。
（2）熟悉智力竞赛抢答器的工作原理。
（3）了解简单数字系统实验、调试及故障排除方法。

二、实验仪器

（1）+5 V 直流电源。
（2）逻辑电平开关。
（3）逻辑电平显示器。
（4）74LS20、74LS74、74LS00。

三、实验预习要求

（1）复习数字电路中 D 触发器、多谐振荡器及分频电路等部分内容。
（2）熟悉实验原理预习实验，了解所用关键集成电路的基本逻辑功能、电路结构及工作原理。
（3）完成电路设计，画出实验电路图，可以根据自己的设计进行改进，列出实验所需的元器件清单，并利用计算机与电路仿真软件进行仿真。

四、实验原理

图 6.9 为供 4 人用的智力竞赛抢答装置线路，用以判断抢答优先权。

图中 F_1 为四 D 触发器 74LS175，它具有公共置 0 端和公共 CP 端，F_2 为双 4 输入与非门 74LS20；F_3 是由 74LS00 组成的多谐振荡器；F_4 是由 74LS74 组成的四分频电路，F_3、F_4 组成抢答电路中的 CP 时钟脉冲源，抢答开始时，由主持人清除信号，按下复位开关 S，74LS175 的输出 $Q_1 \sim Q_4$ 全为 0，所有发光二极管 LED 均熄灭，当主持人宣布"抢答开始"后，首先做出判断的参赛者立即按下开关，对应的发光二极管点亮，同时，通过与非门 F_2 送出信号锁住其余三个抢答者的电路，不再接受其他信号，直到主持人再次清除信号为止。

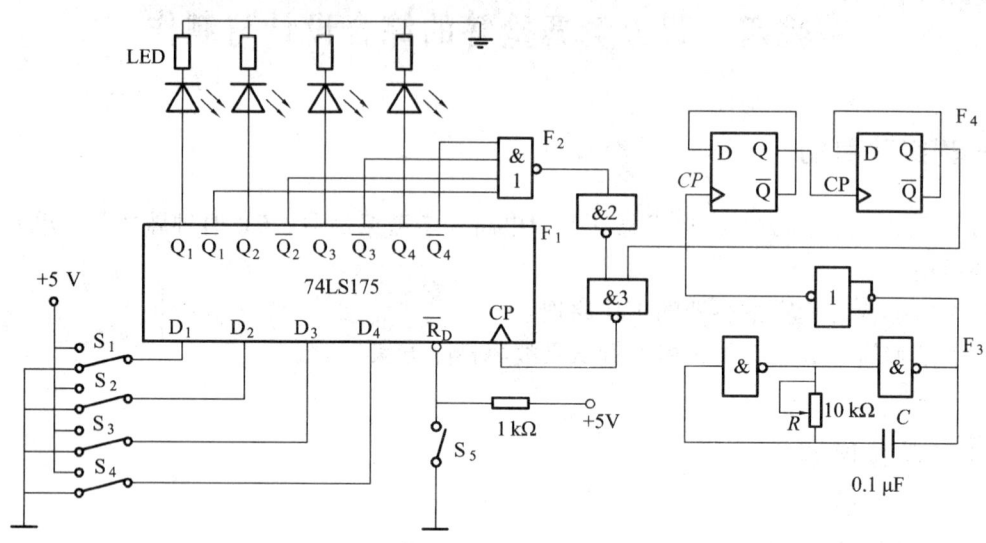

图 6.9 智力竞赛抢答装置原理图

五、实验内容及步骤

（1）测试各触发器及各逻辑门的逻辑功能。

测试各触发器及各逻辑门的逻辑功能，判断器件的好坏。

（2）按图 6.9 的原理，用两片 47LS74 双 D 触发器替换图中的 74LS175，抢答器五个开关接实验装置上的逻辑开关、发光二极管接逻辑电平显示器。

（3）断开抢答器电路中 CP 脉冲源电路，单独对多谐振荡器 F_3 及分频器 F_4 进行调试，调整多谐振荡器 10 kΩ 电位器，使其输出脉冲频率约 4 kHz。

测试抢答器电路功能：

接通 +5 V 电源，将 F_4 的输出端断开，a 端接实验装置上连续脉冲源，取重复频率约 1 kHz。

① 抢答开始前，开关 K_1、K_2、K_3、K_4 均置 "0"，准备抢答，将开关 S 置 "0"，发光二极管全熄灭，再将 S 置 "1"。抢答开始，K_1、K_2、K_3、K_4 某一开关置 "1"，观察发光二极管的亮、灭情况，然后再将其他三个开关中任一个置 "1"，观察发光二极的亮、灭是否改变。

② 重复①的内容，改变 K_1、K_2、K_3、K_4 任一个开关状态，观察抢答器的工作情况。

③ 整体测试。

断开实验装置上的连续脉冲源，接入 F_3 及 F_4，再进行实验。

六、实验报告要求

（1）分析智力竞赛抢答装置各部分功能及工作原理。

（2）总结数字系统的设计、调试方法。

七、思考题

分析实验中出现的故障及解决办法。

实验五 彩灯循环显示的设计与制作

一、实验目的

（1）掌握中规模4位双向移位寄存器逻辑功能及使用方法。
（2）熟悉移位寄存器的应用。

二、实验仪器

（1）数字电路实验箱1台。
（2）器件：74LS194D 双向移位寄存器，74LS78 双 JK 触发器，74LS20 与非门。

三、实验预习要求

（1）复习数字电路中 JK 触发器，74LS194D 双向移位寄存器、时钟发生器及计数器等部分内容。
（2）熟悉实验原理预习实验，了解所用关键集成电路的基本逻辑功能、电路结构及工作原理。
（3）完成电路设计，画出实验电路图，可以根据自己的设计进行改进，列出实验所需的元器件清单，并利用计算机与电路仿真软件进行仿真。

四、实验原理

图 6.10 为简单的四路彩灯显示电路，它利用 74LS194D 双向移位寄存器的特点，将寄存器的工作方式控制端 S_1、S_0 连续、交替的转换为左移和右移工作方式，当左移输入端 SL 和右移输入端 SR 都固定输入高电平"1"时，输出端 Q_A、Q_B、Q_C、Q_D 在连续脉冲的作用下依次左移或右移。当 Q_A、Q_B、Q_C、Q_D 都为"1"时，输出端连接的与非门输出为低电平"0"。

这个低电平既是寄存器的清零信号，同时又是 JK 触发器的计数翻转脉冲。JK 触发器作为双向移位寄存器的工作方式控制器，它的输出端连接寄存器的工作方式控制端 S_1、S_0。为了保证末端的彩灯亮，与非门的输出端接一 RC 延时电路。

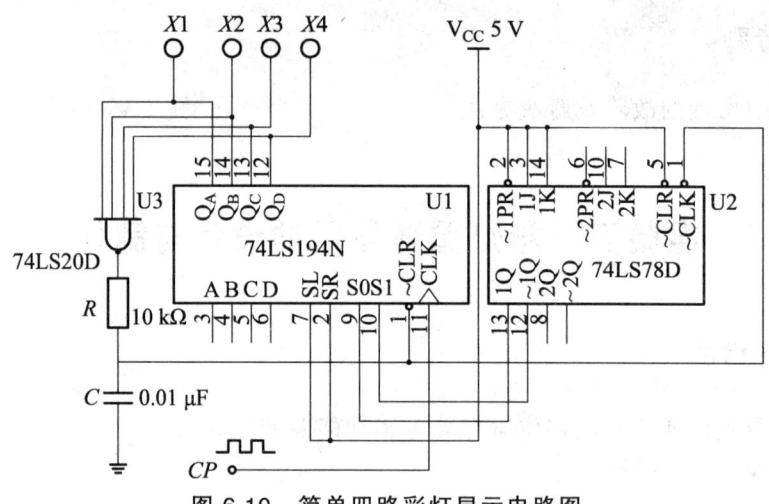

图 6.10 简单四路彩灯显示电路图

五、实验内容

1. 方案一

用两只 74LS194D 双向移位寄存器、一只 74LS781JK 触发器和一只 74LS20 与非门构成一个 8 路输出的彩灯循环显示系统,如图 6.11 所示。它的工作原理与图 6.10 相同。在实验箱上按图 6.11 连接好电路,彩灯由发光二极管代替,双向移位寄存器的控制脉冲接频率为 1 Hz 的连续脉冲。正常工作后彩灯演示花型为两种:一种是从两边到中间顺次点亮,全亮后灭;另一种是由中间向两边顺次点亮,全亮后灭。观察彩灯的循环显示。如不正确,排除故障直至正确为止。加深对该电路工作原理的理解。

2. 方案二

设计一个 8 路彩灯控制器,要求:

(1)彩灯明暗变换节拍为 0.25 s 和 0.5 s,两种节拍交替运行。

(2)彩灯演示花型为三种(花型自拟)。

参考器件:给定元器件为四个 2 输入与非门(74LS00)、六反向器(74LS04)、二进制同步计数器(74LS161)、4 位双向移位寄存器(74LS194)、双四选 1 数据选择器(74LS153)、555 定时器、电阻、电容。

实验要求:按设计任务设计电路,然后在仿真软件上进行虚拟实验,正确后,在实验箱上搭建实验电路,观察彩灯是否正常工作,如不正确,排除故障直至正确为止。

设计说明:彩灯控制器原理图如图 6.12 所示。图中虚线以上为处理器,虚线以下是控制器。从图 6.12 中可以看出,编码发生器的功能是根据花型要求按节拍送出 8 位状态编码信号,以便控制灯的亮、灭。其电路可以选用 4 位双向移位寄存器来实现。8 路灯用两片移位寄存器级联就可以实现。缓冲驱动电路的功能是提供彩灯所需要的工作电压和电流,隔离负载对编码发生器的影响。如果彩灯是用发光二极管代替,缓冲区可舍掉。

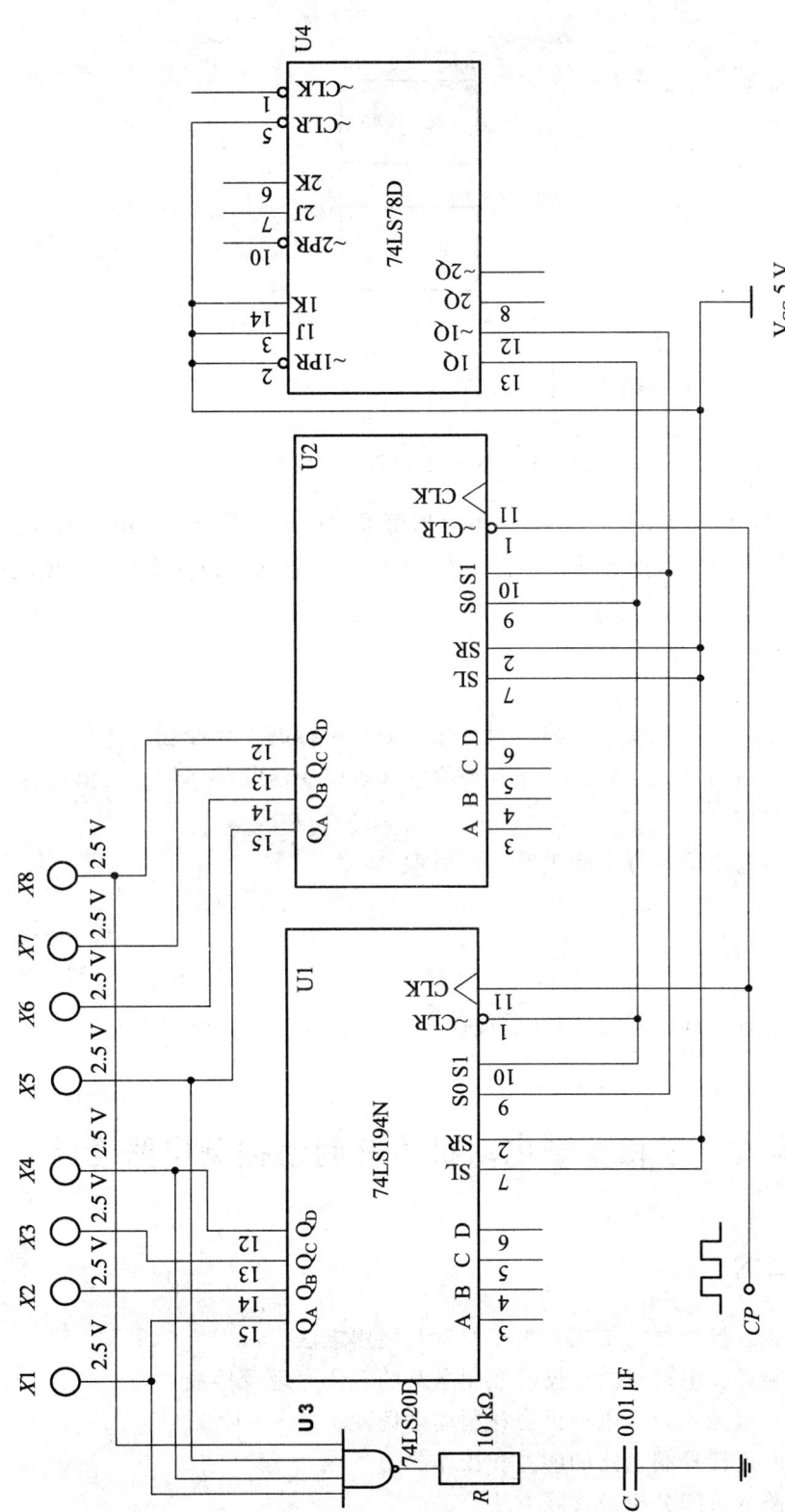

图 6.11　8 路输出的彩灯循环显示系统

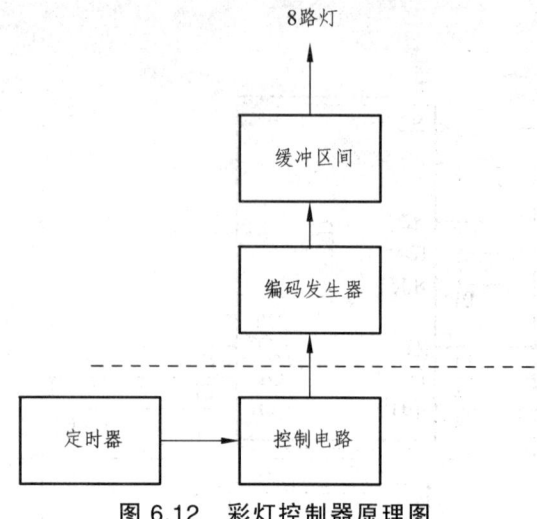

图 6.12 彩灯控制器原理图

彩灯控制器对定时电路的要求不高，振荡器可采用环形振荡器或采用 555 定时器来实现。控制电路为编码发生器提供所需要的节拍脉冲和控制信号，以同步整个系统的工作。

六、实验报告要求

（1）分析实验电路，说明 8 路输出彩灯循环显示系统的工作原理。

（2）分析图 6.11 中的 RC 延时电路，说明它在电路中所起的作用，去掉它后，图 6.11 电路的工作状态如何？

（3）方案二应写出设计方案和电路工作原理。

七、思考题

分析调试中发现的问题及故障排除方法。

实验六　三相异步电动机能耗制动控制电路设计

一、实验目的

（1）了解按钮、接触器的结构、工作原理及使用方法。
（2）了解三相异步电动机的正反转控制电路的工作原理及接线方法。
（3）掌握三相鼠笼式异步电动机能耗制动原理。
（4）增强实际连接控制电路的能力和操作能力。
（5）熟悉电路的故障分析及排除方法。

二、实验设备

（1）三相异步电动机。
（2）交流接触器。
（3）复合按钮。
（4）时间继电器。
（5）电阻。

三、实验预习要求

（1）复习三相鼠笼式异步电动机能耗制动原理。
（2）查阅资料，了解各器件的工作原理及结构。

四、实验原理

（1）三相鼠笼电动机实现能耗制动的方法是：在三相定子绕组断开三相交流电源后，在两相定子绕组中通入直流电，以建立一个恒定的磁场，转子的惯性转动切割这个恒定磁场而感应电流，此电流与恒定磁场作用，产生制动转矩使电动机迅速停车。

（2）在自动控制中，通常采用时间继电器，按时间原则进行制动过程的控制。可根据所需的制动停车时间来调整时间继电器的延时，使电动机刚一制动停车，就使接触器释放，切断直流电源。

（3）能耗制动过程的强弱与进程，与通入直流电流和电动机转速有关，在同样的转速下，电流越大制动作用就越强烈，一般直流电流取为空载电流的 3~5 倍为宜，通常可通过调节制动电阻 R_T 的大小来完成。

五、实验内容

（1）设计实现电动机能耗制动的控制电路。
（2）检查各电器元件的质量情况，了解其使用方法。
（3）观察电动机自由停车，制动停车操作运转情况。

六、实验报告要求

（1）根据设计的电路及调试结果，写出设计报告。
（2）画出完整的电动机能耗制动接线图，说明具体的设计思路。
（3）记录测试结果，作简要的说明。
（4）说明实验过程中的故障现象及解决方法。

七、思考题

分析调试中发现的问题及故障排除方法。

实验七　异步电动机星形-三角形启动控制电路设计

一、实验目的

（1）了解时间继电器的结构、工作原理及使用方法。
（2）掌握三相异步电动机星形-三角形降压启动控制电路的工作原理及接线方法。
（3）熟悉电路的故障分析和解决方法。

二、实验设备

（1）三相异步电动机。
（2）交流接触器。
（3）时间继电器。
（4）按钮。
（5）热继电器。

三、实验预习要求

（1）采用星形-三角形降压启动对鼠笼电动机有何要求？
（2）控制回路中自锁、互锁的作用是什么？

四、实验原理

星形-三角形降压启动方法用于正常运行时定子绕组接成三角形的三相异步电动机。启动时，定子绕组首先接成星形，启动电压为三角形直接启动电压的 $1/\sqrt{3}$，启动电流为三角形直接启动电流的 1/3。经过一段时间后，待转速上升到接近额定转速时，再将定子绕组接成三角形。

五、实验内容

（1）设计异步电动机星形-三角形启动的控制电路。
（2）检查各电器元件的质量情况，了解其使用方法。
（3）观察电动机启动情况以及时间继电器动作对电动机启动的影响。

六、实验报告要求

（1）根据设计的电路及调试结果，写出设计报告。
（2）画出完整的电动机星形-三角形启动接线图，说明具体的设计思路。
（3）记录测试结果，作简要的说明。
（4）说明实验过程中的故障现象及解决方法。
（5）列出参考书目。

七、思考题

分析调试中发现的问题及故障排除方法。

参考文献

[1] 卜新华. 电工与数字电路基础[M]. 北京：清华大学出版社，2012.
[2] 李元庆，何佳. 电路基础与实践应用[M]. 北京：中国电力出版社，2011.
[3] 刘健. 电路分析[M]. 北京：电子工业出版社，2011.
[4] 刘景夏，胡冰新，张兆东. 电路分析基础[M]. 北京：清华大学出版社，2012.
[5] 汪赵强，宫晓梅. 电路分析基础[M]. 西安：西安电子科技大学出版社，2013.
[6] 施娟，周茜. 电路分析基础[M]. 北京：清华大学出版社，2014.
[7] 刘志民. 电路分析[M]. 西安：西安电子科技大学出版社，2012.
[8] 冯军，谢嘉奎. 电子线路线性部分[M]. 5版. 北京：高等教育出版社，2010.
[9] 冯军，谢嘉奎. 电子线路非线性部分[M]. 5版. 北京：高等教育出版社，2010.
[10] 刘鸣，陈世利. 电子线路综合设计与实践[M]. 北京：机械工业出版社，2014.
[11] 电子线路板设计与制作[M]. 上海：上海交通大学出版社，2014.
[12] 李瞅. 电子线路实验教程[M]. 杭州：浙江大学出版社，2014.
[13] 电子线路实验课题组. 电子线路实验[M]. 北京：北京大学出版社，2014.
[14] 包伯成，乔晓华. 工程电路分析基础[M]. 北京：高等教育出版社，2013.
[15] 陈抗生. 电路分析与电子线路基础（上、下册）[M]. 北京：高等教育出版社，2013.
[16] 刘玉成. 电路原理实验教程[M]. 北京：清华大学出版社，2014.
[17] 吕伟锋，董晓聪. 电路分析实验[M]. 北京：科学出版社，2010.
[18] 许红梅，刘妍妍. 电路分析实验教程[M]. 北京：电子工业出版社，2014.
[19] 刘东梅，电路实验教程[M]. 北京：机械工业出版社，2013.
[20] 吉培荣. 电工学[M]. 北京：中国电力出版社，2012.
[21] 张校珩. 维修电工[M]. 北京：电子工业出版社，2012.
[22] 王贵锋．王瑞祥. 电工学[M]. 北京：中国水利水电出版社，2012.
[23] 秦曾煌. 电工学电工技术[M]. 7版. 北京：高等教育出版社，2009.
[24] 王建华. 电工学实验[M]. 4版. 北京：高等教育出版社，2011.
[25] 徐淑华. 电工电子技术实验教程[M]. 北京：电子工业出版社，2012.
[26] 王艳丹，段玉生. 电工技术与电子技术实验指导[M]. 2版. 北京：清华大学出版社，2012.
[27] 赵建华. 电工学基础与综合实验[M]. 北京：中国电力出版社，2013.
[28] 王骥，王立臣，杜爽. 模拟电路分析与设计[M]. 北京：清华大学出版社，2012.
[29] 童诗白，华成英. 模拟电子技术基础[M]. 4版. 北京：高等教育出版社，2011.

[30] 高吉祥. 模拟电子技术[M]. 3 版. 北京: 电子工业出版社, 2011.

[31] 寇戈, 蒋立平. 模拟电路与数字电路[M]. 2 版. 北京: 电子工业出版社, 2010.

[32] 孙肖子. 模拟电子电路与技术基础[M]. 2 版. 西安: 西安电子科技大学出版社, 2010.

[33] 朱小明, 熊辉, 王建国. 模拟电路与数字电路[M]. 2 版. 北京: 人民邮电出版社, 2011.

[34] 薛继霜, 宋欣. 数字电路基础与实践[M]. 北京: 清华大学出版社, 2013.

[35] 饶增仁, 安红心, 汤书森. 数字电路实验教程[M]. 北京: 清华大学出版社, 2013.

[36] 王勇. 模拟与数字电路实验[M]. 上海: 复旦大学出版社, 2013.

[37] 唐颖, 李大军, 李明明. 电路与模拟电子技术实验指导书[M]. 北京: 北京大学出版社, 2013.

[38] 王成元, 夏加宽, 孙宜标. 现代电机控制技术[M]. 2 版. 北京: 机械工业出版社, 2014.

[39] 李发海, 朱东起. 电机学[M]. 5 版. 北京: 科学出版社, 2013.

[40] 孙建忠, 刘凤春. 电机与拖动[M]. 2 版. 北京: 机械工业出版社, 2013.

[41] 王晓敏. 电机拖动与控制[M]. 北京: 电子工业出版社, 2011.

[42] 戴文进, 肖倩华. 电机与电力拖动基础[M]. 北京: 清华大学出版社, 2012.

[43] 刘启新. 电机与拖动基础[M]. 3 版. 北京: 中国电力出版社, 2012.

[44] 张红莲. 电机与电力拖动控制系统[M]. 北京: 科学出版社, 2013.

[45] 郭夕琴. 电机与电气控制[M]. 北京: 北京大学出版社, 2014.

[46] 万芳瑛. 电机拖动与控制[M]. 北京: 北京大学出版社, 2013.

[47] 毛永明. 电机与拖动实验教程[M]. 北京: 人民邮电出版社, 2013.

[48] 徐永明, 胡志刚. 电机实验[M]. 北京: 机械工业出版社, 2013.

[49] 李朝生. 电机与电力电子实验及仿真指导书[M]. 北京: 中国电力出版社, 2012.

[50] 谢远党. 电机及拖动基础实验指导书[M]. 武汉: 华中科技大学出版社, 2012.

[51] 苑尚尊, 贺春玲. 电机拖动与电气技术实验指导书[M]. 北京: 中国水利水电出版社, 2010.

[52] 黄永龙, 王晓雪, 隋荣生. 电机与电力拖动实验教程[M]. 厦门: 厦门大学出版社, 2010.

附录1 部分集成电路管脚及内部结构说明

1. 74LS00

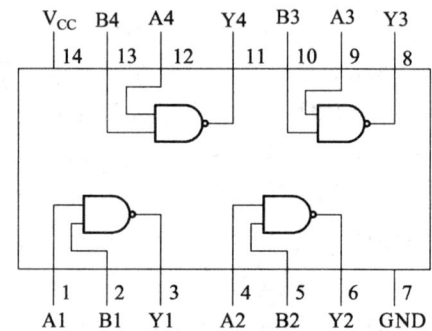

真值表：

Inputs输入		输出
A	B	Y
L	L	H
L	H	H
H	L	H
H	H	L

2. 74LS138

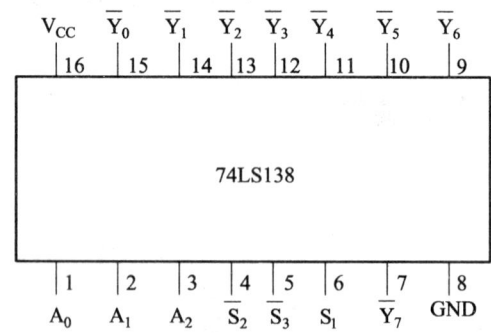

输入					输出							
S_1	$\overline{S_2}+\overline{S_3}$	A_2	A_1	A_0	$\overline{Y_0}$	$\overline{Y_1}$	$\overline{Y_2}$	$\overline{Y_3}$	$\overline{Y_4}$	$\overline{Y_5}$	$\overline{Y_6}$	$\overline{Y_7}$
0	X	X	X	X	1	1	1	1	1	1	1	1
X	1	X	X	X	1	1	1	1	1	1	1	1
1	0	0	0	0	0	1	1	1	1	1	1	1
1	0	0	0	1	1	0	1	1	1	1	1	1
1	0	0	1	0	1	1	0	1	1	1	1	1
1	0	0	1	1	1	1	1	0	1	1	1	1
1	0	1	0	0	1	1	1	1	0	1	1	1
1	0	1	0	1	1	1	1	1	1	0	1	1
1	0	1	1	0	1	1	1	1	1	1	0	1
1	0	1	1	1	1	1	1	1	1	1	1	0

3. 74LS86

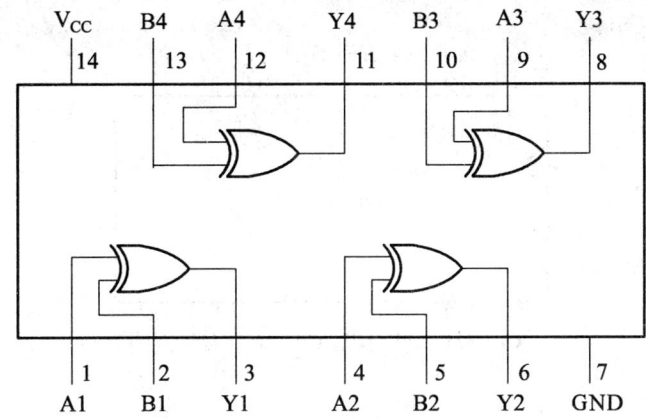

真值表： $Y = A \oplus B = \overline{A}B + A\overline{B}$

Inputs输入		输出
A	B	Y
L	L	L
L	H	H
H	L	H
H	H	L

4. 74LS02

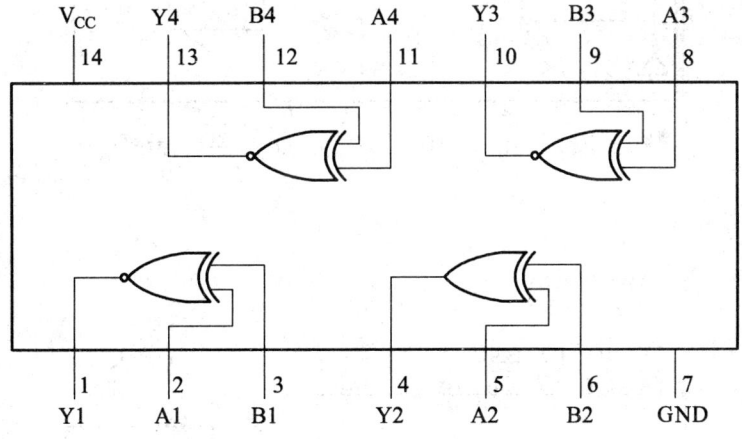

真值表： $Y = \overline{A + B}$

Inputs输入		输出
A	B	Y
L	L	H
L	H	L
H	L	L
H	H	L

5. 74LS193

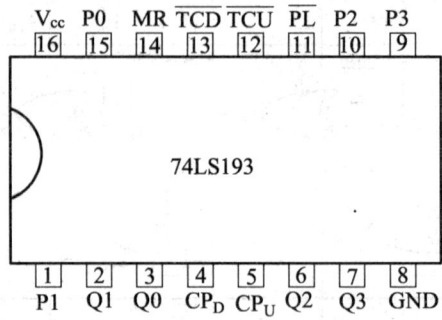

6. 74LS175

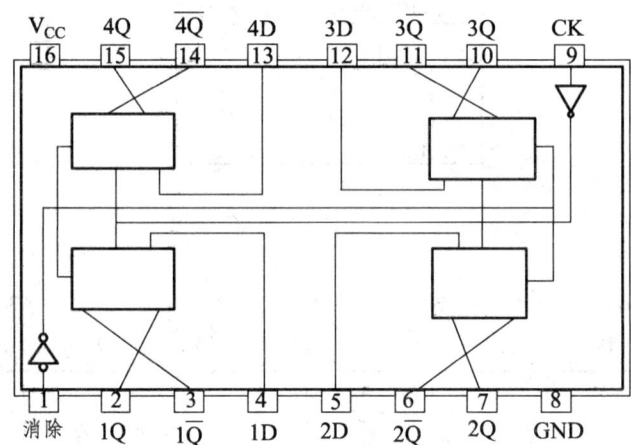

7. 74LS78

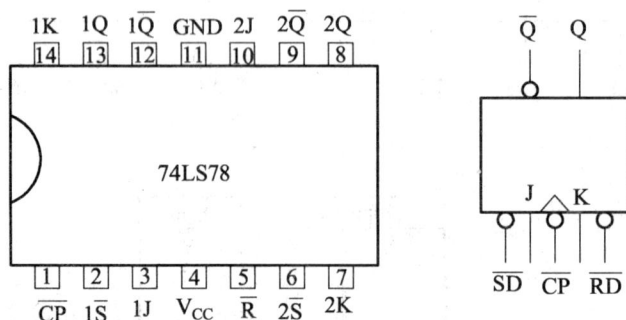

8. 74LS74

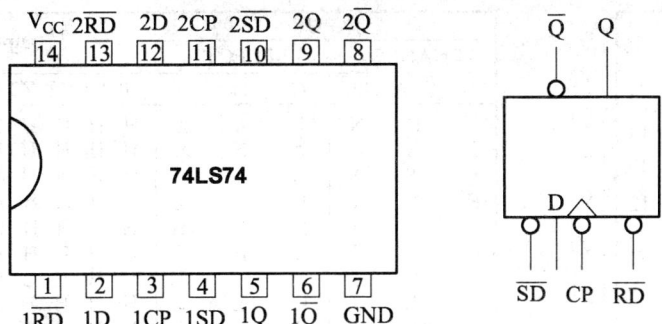

9. 74LS194

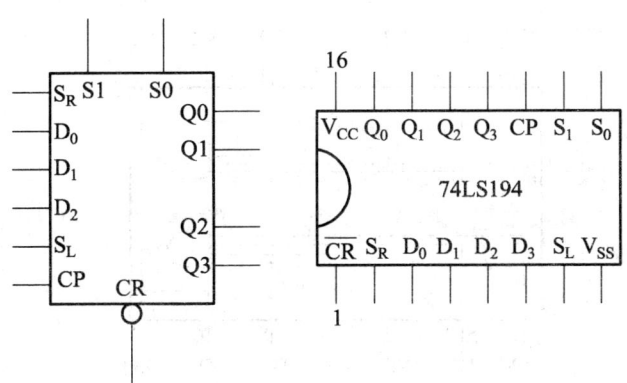

真值表：

CLK	MR	S1	S0	功能	Q3Q2Q1Q0
X	0	X	X	消除	Cr=0时，Q3Q2Q1Q0=0000 正常工作CR置1
↑	1	1	1	送数	Q3Q2Q1Q0=P3P2P1P0 串行数据禁止
↑	1	0	0	右移	Q3Q2Q1Q0=Q2Q1Q0Q3
↑	1	1	0	左移	Q3Q2Q1Q0=Q0Q3Q2Q1
↑	1	0	0	保持	Q3Q2Q1Q0=Q3Q2Q1Q0
↓	1	X	X	保持	Q3Q2Q1Q0=Q3Q2Q1Q0

10. 74LS13

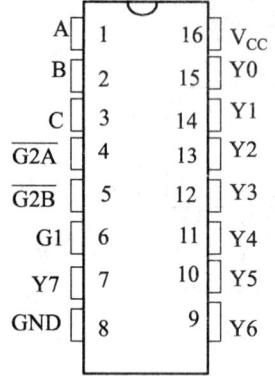

INPUT						outputs							
ENABLE			SELECT										
Q1	$\overline{G2A}$	$\overline{G2B}$	C	B	A	Y0	Y1	Y2	Y3	Y4	Y5	Y6	Y7
X	H	X	X	X	X	H	H	H	H	H	H	H	H
X	X	H	X	X	X	H	H	H	H	H	H	H	H
L	X	X	X	X	X	H	H	H	H	H	H	H	H
H	L	L	L	L	L	L	H	H	H	H	H	H	H
H	L	L	L	L	H	H	L	H	H	H	H	H	H
H	L	L	L	H	L	H	H	L	H	H	H	H	H
H	L	L	L	H	H	H	H	H	L	H	H	H	H
H	L	L	H	L	L	H	H	H	H	L	H	H	H
H	L	L	H	L	H	H	H	H	H	H	L	H	H
H	L	L	H	H	L	H	H	H	H	H	H	L	H
H	L	L	H	H	H	H	H	H	H	H	H	H	L

11. 74LS20

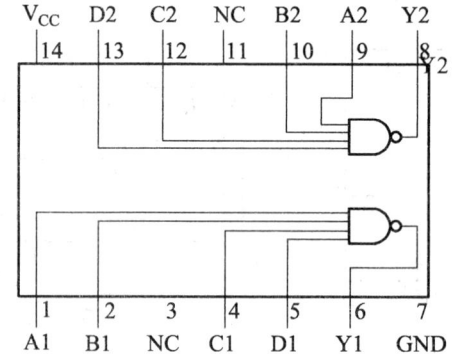

真值表: $Y = \overline{ABCD}$

输入				输出
A	B	C	D	Y
X	X	X	L	H
X	X	L	X	H
X	L	X	X	H
L	X	X	X	H
H	H	H	H	L

H=HIGH Logic Level
L=LOW Logic Level
X=Either LOW or HIGH Logic Level

12. 74LS90

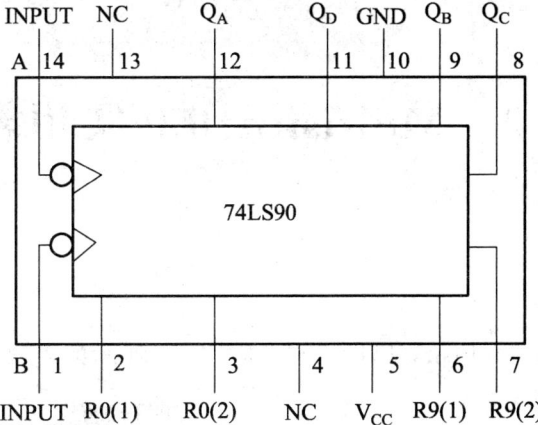

真值表:

R0(1)	R0(2)	R9(1)	R9(2)	Q_D	Q_C	Q_B	Q_A
1	1	0	X	0	0	0	0
1	1	X	0	0	0	0	0
X	X	1	1	1	0	0	1
X	0	X	0				
0	X	0	X				
0	X	X	0				
X	0	0	X				

13. TL082

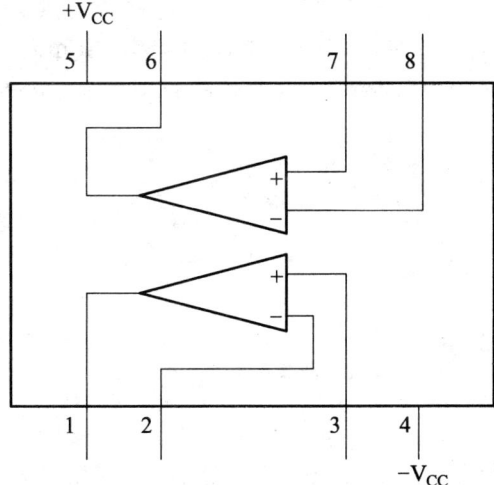

附录 2　Multisim10.0 实用教程

一、启　动

（1）启动操作，启动 Multisim 以后出现如附图 2.1 所示的界面。

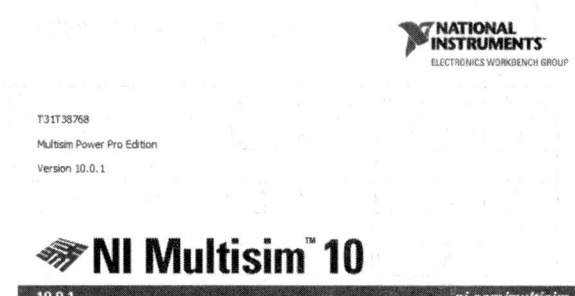

附图 2.1　启动界面

（2）Multisim 打开后的界面如附图 2.2 所示。主要由菜单栏、工具栏、缩放栏、设计栏、仿真栏、工程栏、元件栏、仪器栏、电路图编辑窗口等部分组成。

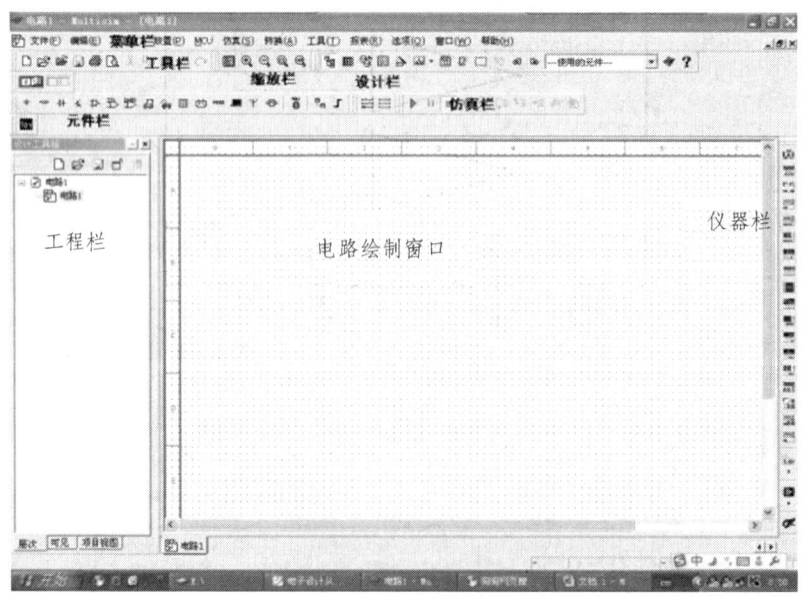

附图 2.2　主界面

（3）选择文件/新建/原理图，即弹出如附图 2.3 所示的主设计窗口。

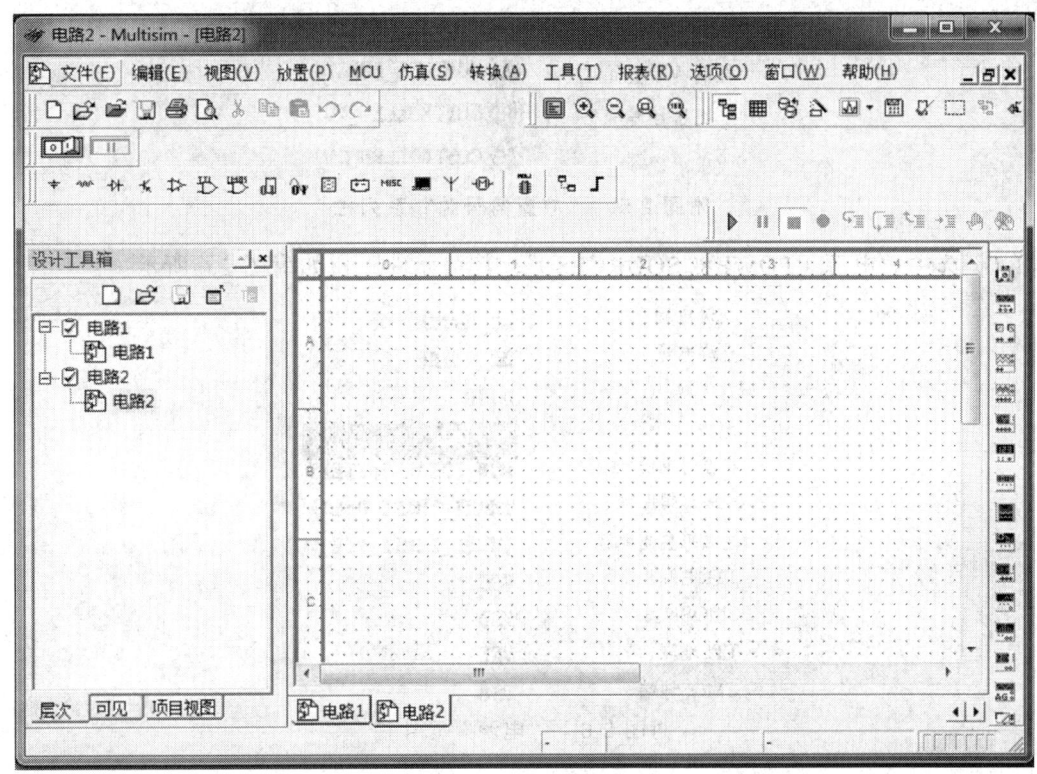

附图 2.3　主设计窗口

二、Multisim10.0 常用元件库分类

Multisim10.0 常用元件库分类如附图 2.4 所示。

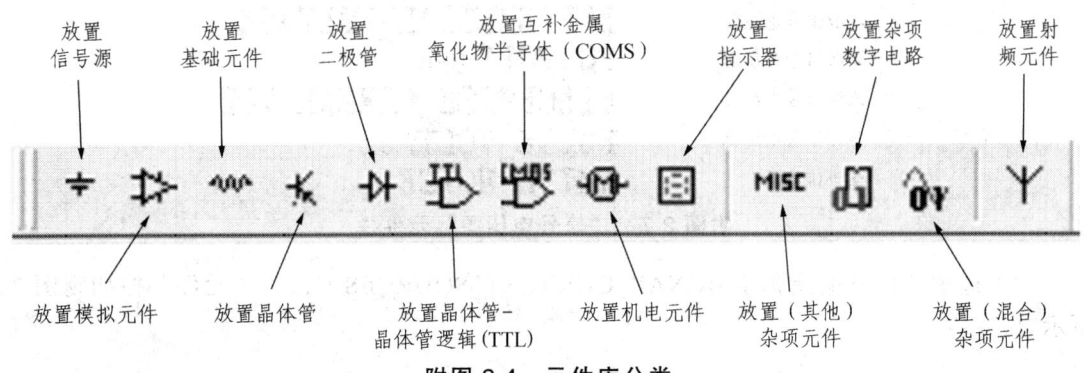

附图 2.4　元件库分类

1. "放置信号源"按钮

点击"放置信号源"按钮，弹出对话框中的"系列"栏如附图 2.5 所示。

电源	POWER_SOURCES
信号电压源	SIGNAL_VOLTAG...
信号电流源	SIGNAL_CURREN...
控制函数器件	CONTROL_FUNCT...
电压控源	CONTROLLED_VO...
电流控源	CONTROLLED_CU...

附图 2.5 "放置信号源"系列栏

（1）选中"电源（POWER_SOURCES）"，其"元件"栏如附图 2.6 所示。

交流电源	AC_POWER
直流电源	DC_POWER
数字地	DGND
地线	GROUND
非理想电源	NON_IDEAL_BATTERY
星形三相电源	THREE_PHASE_DELTA
三角形三相电源	THREE_PHASE_WYE
TTL电源	VCC
CMOS电源	VDD
TTL地端	VEE
CMOS地端	VSS

附图 2.6 "电源"元件栏

（2）选中"信号电压源（SIGNAL_VOLTAGE_SOURCES）"，其"元件"栏如附图 2.7 所示。

交流信号电压源	AC_VOLTAGE
调幅信号电压源	AM_VOLTAGE
时钟信号电压源	CLOCK_VOLTAGE
指数信号电压源	EXPONENTIAL_VOLTAGE
调频信号电压源	FM_VOLTAGE
线性信号电压源	PIECEWISE_LINEAR_VOL
脉冲信号电压源	PULSE_VOLTAGE
噪声信号源	WHITE_NOISE

附图 2.7 "信号电压源"元件栏

（3）选中"信号电流源（SIGNAL_CURRENT_SOURCES）"，其"元件"栏如附图 2.8 所示。

交流信号电流源	AC_CURRENT
时钟信号电流源	CLOCK_CURRENT
直流信号电流源	DC_CURRENT
指数信号电流源	EXPONENTIAL_CURRENT
调频信号电流源	FM_CURRENT
磁通量信号源	MAGNETIC_FLUX
磁通量类型信号源	MAGNETIC_FLUX_GENERA...
线性信号电流源	PIECEWISE_LINEAR_CUR...
脉冲信号电流源	PULSE_CURRENT

附图 2.8 "信号电流源"元件栏

（4）选中"控制函数块（CONTROL_FUNCTION_BLOCKS）"，其"元件"栏下内容如附图 2.9 所示。

限流器	CURRENT_LIMITER_BLOC...
除法器	DIVIDER
乘法器	MULTIPLIER
非线性函数控制器	NONLINEAR_DEPENDENT
多项电压控制器	POLYNOMIAL_VOLTAGE
转移函数控制器	TRANSFER_FUNCTION_BU...
限制电压函数控制器	VOLTAGE_CONTROLLED_L...
微分函数控制器	VOLTAGE_DIFFERENTIAT...
增压函数控制器	VOLTAGE_GAIN_BLOCK
滞回电压控制器	VOLTAGE_HYSTERISIS_B...
积分函数控制器	VOLTAGE_INTEGRATOR
限幅器	VOLTAGE_LIMITER
信号响应速率控制器	VOLTAGE_SLEW_RATE_BU...
加法器	VOLTAGE_SUMMER

附图 2.9 "控制函数块"元件栏

（5）选中"电压控源（CONTROLLED_VOLTAGE_SOURCES）"，其"元件"栏如附图 2.10 所示。

单脉冲控制器	CONTROLLED_ONE_SHOT
电流控电压器	CURRENT_CONTROLLED_V...
键控电压器	FSK_VOLTAGE
电压控线性源	VOLTAGE_CONTROLLED_P...
电压控正弦波	VOLTAGE_CONTROLLED_S...
电压控方波	VOLTAGE_CONTROLLED_S...
电压控三角波	VOLTAGE_CONTROLLED_T...
电压控电压器	VOLTAGE_CONTROLLED_V...

附图 2.10 "电压控源"元件栏

(6)选中"电流控源(CONTROLLED_CURRENT_SOURCES)",其"元件"栏如附图 2.11 所示。

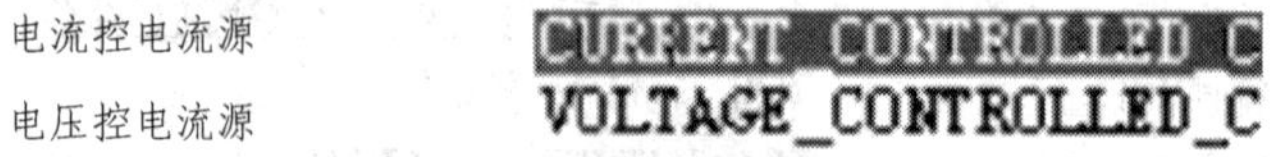

电流控电流源　　CURRENT_CONTROLLED_C
电压控电流源　　VOLTAGE_CONTROLLED_C

附图 2.11 "电流控源"元件栏

2. "放置模拟元件"按钮

点击"放置模拟元件"按钮,弹出对话框中"系列"栏如附图 2.12 所示。

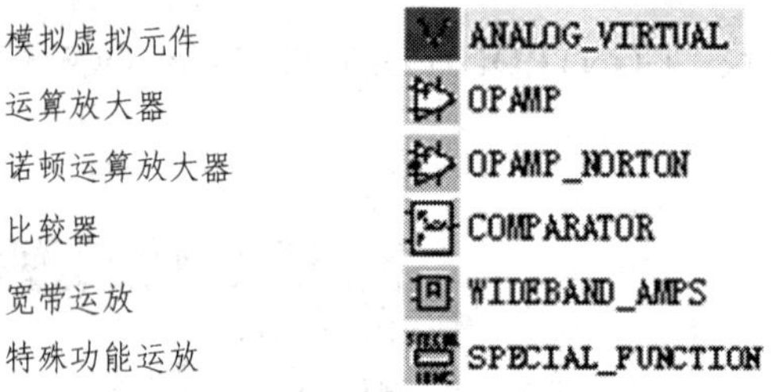

模拟虚拟元件　　ANALOG_VIRTUAL
运算放大器　　　OPAMP
诺顿运算放大器　OPAMP_NORTON
比较器　　　　　COMPARATOR
宽带运放　　　　WIDEBAND_AMPS
特殊功能运放　　SPECIAL_FUNCTION

附图 2.12 "放置模拟元件"系列栏

(1)选中"模拟虚拟元件(ANALOG_VIRTUAL)",其"元件"栏中仅有虚拟比较器、三端虚拟运放和五端虚拟运放 3 种元件可供调用。

(2)选中"运算放大器(OPAMP)"。其"元件"栏中包括了国外许多公司提供的多达 4243 种规格运放可供调用。

(3)选中"诺顿运算放大器(OPAMP_NORTON)",其"元件"栏中有 16 种规格诺顿运放可供调用。

(4)选中"比较器(COMPARATOR)",其"元件"栏中有 341 种规格比较器可供调用。

(5)选中"宽带运放(WIDEBAND_AMPS)"其"元件"栏中有 144 种规格宽带运放可供调用,宽带运放典型值达 100 MHz,主要用于视频放大电路。

(6)选中"特殊功能运放(SPECIAL_FUNCTION)",其"元件"栏中有 165 种规格特殊功能运放可供调用,主要包括测试运放、视频运放、乘法器/除法器、前置放大器和有源滤波器等。

3. "放置基础元件"按钮

点击"放置基础元件"按钮,弹出对话框中"系列"栏,如附图 2.13 所示。

基本虚拟元件	BASIC_VIRTUAL
定额虚拟元件	RATED_VIRTUAL
三维虚拟元件	3D_VIRTUAL
电阻器	RESISTOR
贴片电阻器	RESISTOR_SMT
电阻器组件	RPACK
电位器	POTENTIOMETER
电容器	CAPACITOR
电解电容器	CAP_ELECTROLIT
贴片电容器	CAPACITOR_SMT
贴片电解电容器	CAP_ELECTROLIT...
可变电容器	VARIABLE_CAPAC...
电感器	INDUCTOR
贴片电感器	INDUCTOR_SMT
可变电感器	VARIABLE_INDUCTOR
开关	SWITCH
变压器	TRANSFORMER
非线性变压器	NON_LINEAR_TRA...
Z负载	Z_LOAD
继电器	RELAY
连接器	CONNECTORS
插座、管座	SOCKETS

附图 2.13 "放置基础元件"系列栏

（1）选中"基本虚拟元件库（BASIC_VIRTUAL）"，其"元件"栏如附图 2.14 所示。

虚拟交流120 V常闭继电器	120V_AC_NC_RELAY_VIR
虚拟交流120 V常开继电器	120V_AC_NO_RELAY_VIRT
虚拟交流120 V双触点继电器	120V_AC_NONC_RELAY_V...
虚拟交流12 V常闭继电器	12V_AC_NC_RELAY_VIRT
虚拟交流12 V常开继电器	12V_AC_NO_RELAY_VIRT
虚拟交流12 V双触点继电器	12V_AC_NONC_RELAY_VI
虚拟电容器	CAPACITOR_VIRTUAL
虚拟无磁芯绕组磁动势控制器	CORELESS_COIL_VIRTUAL
虚拟电感器	INDUCTOR_VIRTUAL
虚拟有磁芯电感器	MAGNETIC_CORE_VIRTUAL
虚拟无磁芯耦合电感	NLT_VIRTUAL
虚拟电位器	POTENTIOMETER_VIRTUAL
虚拟直流常开继电器	RELAY1A_VIRTUAL
虚拟直流常闭继电器	RELAY1B_VIRTUAL
虚拟直流双触点继电器	RELAY1C_VIRTUAL
虚拟电阻器	RESISTOR_VIRTUAL
虚拟半导体电容器	SEMICONDUCTOR_CAPACIT
虚拟半导体电阻器	SEMICONDUCTOR_RESISTO
虚拟带铁芯变压器	TS_VIRTUAL
虚拟可变电容器	VARIABLE_CAPACITOR_V
虚拟可变电感器	VARIABLE_INDUCTOR_VI
虚拟可变下拉电阻器	VARIABLE_PULLUP_VIRT
虚拟电压控制电阻器	VOLTAGE_CONTROLLED_R

附图 2.14 "基本虚拟元件库"元件栏

（2）选中"额定虚拟元件（RATED_VIRTUAL）"，其"元件"栏如附图2.15所示。

中文名称	元件名
额定虚拟二五时基电路	555_TIMER_RATED
额定虚拟NPN晶体管	BJT_NPN_RATED
额定虚拟PNP晶体管	BJT_PNP_RATED
额定虚拟电解电容器	CAPACITOR_POL_RATED
额定虚拟电容器	CAPACITOR_RATED
额定虚拟二极管	DIODE_RATED
额定虚拟熔丝管	FUSE_RATED
额定虚拟电感器	INDUCTOR_RATED
额定虚拟蓝发光二极管	LED_BLUE_RATED
额定虚拟绿发光二极管	LED_GREEN_RATED
额定虚拟红发光二极管	LED_RED_RATED
额定虚拟黄发光二极管	LED_YELLOW_RATED
额定虚拟电动机	MOTOR_RATED
额定虚拟直流常闭继电器	NC_RELAY_RATED
额定虚拟直流常开继电器	NO_RELAY_RATED
额定虚拟直流双触点继电器	NONC_RELAY_RATED
额定虚拟运算放大器	OPAMP_RATED
额定虚拟普通发光二极管	PHOTO_DIODE_RATED
额定虚拟光电器	PHOTO_TRANSISTOR_RATED
额定虚拟电位器	POTENTIOMETER_RATED
额定虚拟下拉电阻	PULLUP_RATED
额定虚拟电阻	RESISTOR_RATED
额定虚拟带铁芯变压器	TRANSFORMER_CT_RATED
额定虚拟无铁芯变压器	TRANSFORMER_RATED
额定虚拟可变电容器	VARIABLE_CAPACITOR_RATED
额定虚拟可感电容器	VARIABLE_INDUCTOR_RATED

附图2.15 "额定虚拟元件"元件栏

（3）选中"三维虚拟元件（3D_VIRTUAL）"，其"元件"栏中如附图2.16所示。

中文名称	元件名
三维虚拟555电路	555 Timer
三维虚拟PNP型晶体管	Bjt-pnp1
三维虚拟NPN型晶体管	Bjt_npn1
三维虚拟100 μF电容器	Capacitor1_100uF
三维虚拟10 pF电容器	Capacitor2_10pF
三维虚拟100 pF电容器	Capacitor3_100pF
三维虚拟同步十进制计数器(74LS160N)	Counter_74LS160N
三维虚拟二极管	Diode1
三维虚拟竖直1.0 μH电感器	Inductor1_1.0uH
三维虚拟横卧1.0 μH电感器	Inductor2_1.0uH
三维虚拟红色发光二极管	Led1_Red
三维虚拟黄色发光二极管	Led2_Yellow
三维虚拟绿色发光二极管	Led3_Green
三维虚拟场效应管(3TEN)	Mosfet1_3TEN
三维虚拟电动机	Motor_dc1
三维虚拟运算放大器(LM741)	Op-Amp_741
三维虚拟5 k电位器	Potentiometer1_5K
三维虚拟四-2输入与非门(7408)	Quad_And_Gate
三维虚拟1.0 k电阻	Resistor1_1.0k
三维虚拟4.7 k电阻	Resistor2_4.7k
三维虚拟680 Ω电阻	Resistor3_680
三维虚拟8位移位寄存器(74LS165)	Shift_Register_74LS165N
三维虚拟推拉开关	Switch1

附图2.16 "三维虚拟元件"元件库

（4）选中"电阻（RESISTOR）"，其"元件"栏中有从"1.0 Ω 到 22 MΩ"全系列电阻可供调用。

（5）选中"贴片电阻（RESISTOR_SMT）"，其"元件"栏中有从"0.05 Ω 到 20.00 MΩ"系列电阻可供调用。

（6）选中"排阻（RPACK）"，其"元件"栏中共有 7 种排阻可供调用。

（7）选中"电位器（POTENTIOMETER）"，其"元件"栏中共有 18 种阻值电位器可供调用。

（8）选中"电容器（CAPACITOR）"，其"元件"栏中有从"1.0 pF 到 10 μF"系列电容可供调用。

（9）选中"电解电容器（CAP_ELECTROLIT）"，其"元件"栏中有从"0.1 μF 到 10 F"系列电解电容器可供调用。

（10）选中"贴片电容（CAPACITOR_SMT）"，其"元件"栏中有从"0.5 pF 到 33 nF"系列电容可供调用。

（11）选中"贴片电解电容（CAP_ ELECTROLIT_SMT）"，其"元件"栏中有 17 种贴片电解电容可供调用。

（12）选中"可变电容器（VARIABLE_CAPACITOR）"，其"元件"栏中仅有 30 pF、100 pF 和 350 pF 三种可变电容器可供调用。

（13）选中"电感（INDUCTOR）"，其"元件"栏中有从"1.0 μH 到 9.1 H"全系列电感可供调用。

（14）选中"贴片电感（INDUCTOR_SMT）"，其"元件"栏中有 23 种贴片电感可供调用。

（15）选中"可变电感器（VARIABLE_INDUCTOR）"，其"元件"栏中仅有三种可变电感器可供调用。

（16）选中"开关（SWITCH）"，其"元件"栏如附图 2.17 所示。

电流控制开关	CURRENT_CONTROLLED_SWITCH
双列直插式开关(1)	DIPSW1
双列直插式开关(10)	DIPSW10
双列直插式开关(2)	DIPSW2
双列直插式开关(3)	DIPSW3
双列直插式开关(4)	DIPSW4
双列直插式开关(5)	DIPSW5
双列直插式开关(6)	DIPSW6
双列直插式开关(7)	DIPSW7
双列直插式开关(8)	DIPSW8
双列直插式开关(9)	DIPSW9
按钮开关	PB_DPST
单刀单掷开关	SPDT
单刀双掷开关	SPST
时间延时开关	TD_SW1
电压控制开关	VOLTAGE_CONTROLLED_SWITCH

附图 2.17　"开关"元件栏

（17）选中"变压器（TRANSFORMER）"，其"元件"栏中共有 20 种规格变压器可供调用。

（18）选中"非线性变压器（NON_LINEAR_TRANSFORMER）"，其"元件"栏中共有 10 种规格非线性变压器可供调用。

（19）选中"负载阻抗（Z_LOAD）"，其"元件"栏中共有 10 种规格负载阻抗可供调用。

（20）选中"继电器（RELAY）"，其"元件"栏中共有 96 种各种规格直流继电器可供调用。

（21）选中"连接器（CONNECTORS）"，其"元件"栏中共有 130 种各种规格连接器可供调用。

（22）选中"双列直插式插座（SOCKETS）"，其"元件"栏中共有 12 种各种规格插座可供调用。

4．"放置三极管"按钮

点击"放置三极管"按钮，弹出对话框的"系列"栏，如附图 2.18 所示。

虚拟晶体管	TRANSISTORS_VIRTUAL
双极结型 NPN 晶体管	BJT_NPN
双极结型 PNP 晶体管	BJT_PNP
NPN 型达林顿管	DARLINGTON_NPN
PNP 型达林顿管	DARLINGTON_PNP
达林顿管阵列	DARLINGTON_ARRAY
带阻 NPN 晶体管	BJT_NRES
带阻 PNP 晶体管	BJT_PRES
双极结型晶体管阵列	BJT_ARRAY
MOS 门控开关管	IGBT
N 沟道耗尽型 MOS 管	MOS_3TDN
N 沟道增强型 MOS 管	MOS_3TEN
P 沟道增强型 MOS 管	MOS_3TEP
N 沟道耗尽型结型场效应管	JFET_N
P 沟道耗尽型结型场效应管	JFET_P
N 沟道 MOS 功率管	POWER_MOS_N
P 沟道 MOS 功率管	POWER_MOS_P
MOS 功率对管	POWER_MOS_COMP
UHT 管	UJT
温度模型 NMOSFET 管	THERMAL_MODELS

附图 2.18 "放置三极管"系列栏

（1）选中"虚拟晶体管（TRANSISTORS_VIRTUAL）"，其"元件"栏中共有 16 种规格虚拟晶体管可供调用，其中包括 NPN 型、PNP 型晶体管；JFET 和 MOSFET 等。

（2）选中"双极型 NPN 型晶体管（BJT_NPN）"，其"元件"栏中共有 658 种规格晶体管可供调用。

（3）选中"双极型 PNP 型晶体管（BJT_PNP）"，其"元件"栏中共有 409 种规格晶体管可供调用。

（4）选中"达林顿 NPN 型晶体管（DARLINGTON_NPN）"，其"元件"栏中有 46 种规格达林顿管可供调用。

（5）选中"达林顿 PNP 型晶体管（DARLINGTON_PNP）"，其"元件"栏中有 13 种规格达林顿管可供调用。

（6）选中"集成达林顿管阵列（DARLINGTON_ARRAY）"，其"元件"栏中有 8 种规格集成达林顿管可供调用。

（7）选中"带阻 NPN 型晶体管（BJT_NRES）"，其"元件"栏中有 71 种规格带阻 NPN 型晶体管可供调用。

（8）选中"带阻 PNP 型晶体管（BJT_PRES）"，其"元件"栏中有 29 种规格带阻 PNP 型晶体管可供调用。

（9）选中"晶体管阵列（BJT_ARRAY）"，其"元件"栏中有 10 种规格晶体管阵列可供调用。

（10）选中"绝缘栅双极型三极管（IGBT）"，其"元件"栏中有 98 种规格绝缘栅双极型三极管可供调用。

（11）选中"MOS 门控开关（IGBT）"，其"元件"栏中有 98 种规格 MOS 门控制的功率开关可供调用。

（12）选中"N 沟道耗尽型 MOS 管（MOS_3TDN）"，其"元件"栏中有 9 种规格 MOSFET 管可供调用。

（13）选中"N 沟道增强型 MOS 管（MOS_3TEN）"，其"元件"栏中有 545 种规格 MOSFET 管可供调用。

（14）选中"P 沟道增强型 MOS 管（MOS_3TEP）"，其"元件"栏中有 157 种规格 MOSFET 管可供调用。

（15）选中"N 沟道耗尽型结型场效应管（JFET_N）"，其"元件"栏中有 263 种规格 JFET 管可供调用。

（16）选中"P 沟道耗尽型结型场效应管（JFET_P）"，其"元件"栏中有 26 种规格 JFET 管可供调用。

（17）选中"N 沟道 MOS 功率管（POWER_MOS_N）"，其"元件"栏中有 116 种规格 N 沟道 MOS 功率管可供调用。

（18）选中"P 沟道 MOS 功率管（POWER_MOS_P）"，其"元件"栏中有 38 种规格 P 沟道 MOS 功率管可供调用。

（19）选中"UJT 管（UJT）"，其"元件"栏中仅有 2 种规格 UJT 管可供调用。

（20）选中"带有热模型的 NMOSFET 管（THERMAL_MODELS）"，其"元件"栏中

仅有一种规格 NMOSFET 管可供调用。

5. "放置二极管"按钮

点击"放置二极管"按钮，弹出对话框的"系列"栏，如附图 2.19 所示。

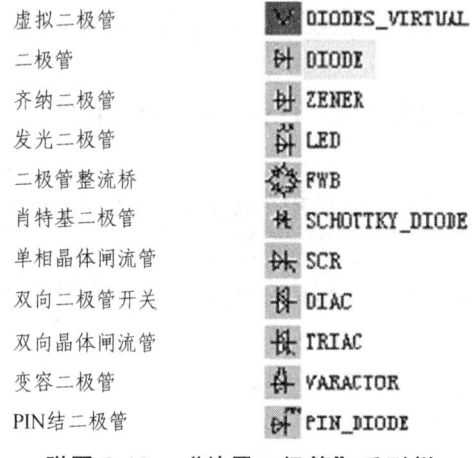

附图 2.19 "放置二极管"系列栏

（1）选中"虚拟二极管元件（DIODES_VIRTUAL）"，其"元件"栏中仅有 2 种规格虚拟二极管元件可供调用一种是普通虚拟二极管，另一种是齐纳击穿虚拟二极管。

（2）选中"普通二极管（DIODES）"，其"元件"栏中包括了国外许多公司提供的 807 种规格二极管可供调用。

（3）选中"齐纳击穿二极管（即稳压管）（ZENER）"，其"元件"栏中包括了国外许多公司提供的 1 266 种规格稳压管可供调用。

（4）选中"发光二极管（LED）"，其"元件"栏中有 8 种颜色的发光二极管可供调用。

（5）选中"全波桥式整流器（FWB）"，其"元件"栏中有 58 种规格全波桥式整流器可供调用。

（6）选中"肖特基二极管（SCHOTTKY_DIODES）"，其"元件"栏中有 39 种规格肖特基二极管可供调用。

（7）选中"单向晶体闸流管（SCR）"，其"元件"栏中共有 276 种规格单向晶体闸流管可供调用。

（8）选中"双向开关二极管（DIAC）"，其"元件"栏中共有 11 种规格双向开关二极管（相当于两只肖特基二极管并联）可供调用。

（9）选中"双向晶体闸流管（TRIAC）"，其"元件"栏中共有 101 种规格双向晶体闸流管可供调用。

（10）选中"变容二极管（VARACTOR）"，其"元件"栏中共有 99 种规格变容二极管可供调用。

（11）选中"PIN 结二极管（PIN_DIODES）（即 Positive-Intrinsic-Negative 结二极管）"，其"元件"栏中共有 19 种规格 PIN 结二极管可供调用。

6. "放置晶体管-晶体管逻辑（TTL）"按钮

点击"放置晶体管-晶体管逻辑（TTL）"按钮，弹出对话框的"系列"栏，如附图2.20所示。

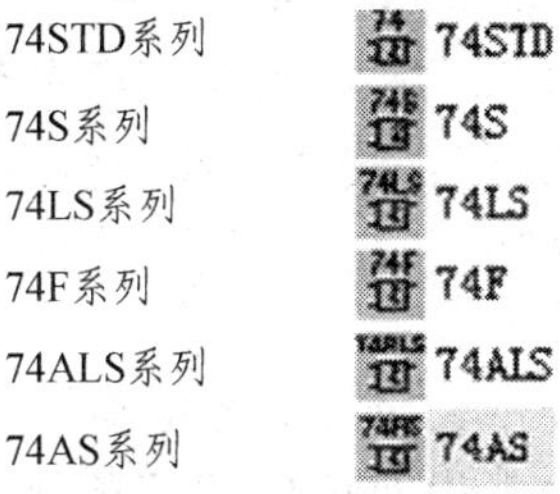

```
74STD系列      74STD
74S系列        74S
74LS系列       74LS
74F系列        74F
74ALS系列      74ALS
74AS系列       74AS
```

附图 2.20 "放置晶体管-晶体管逻辑"系列栏

（1）选中"74STD 系列"，其"元件"栏中有 126 种规格数字集成电路可供调用。
（2）选中"74S 系列"，其"元件"栏中有 111 种规格数字集成电路可供调用。
（3）选中"低功耗肖特基 TTL 型数字集成电路（74LS）"，其"元件"栏中有 281 种规格数字集成电路可供调用。
（4）选中"74F 系列"，其"元件"栏中有 185 种规格数字集成电路可供调用。
（5）选中"74ALS 系列"，其"元件"栏中有 92 种规格数字集成电路可供调用。
（6）选中"74S 系列"，其"元件"栏中有 50 种规格数字集成电路可供调用。

7. "放置互补金属氧化物半导体（CMOS）"按钮

点击"放置互补金属氧化物半导体（CMOS）"按钮，弹出对话框的"系列"栏，如附图 2.21 所示。

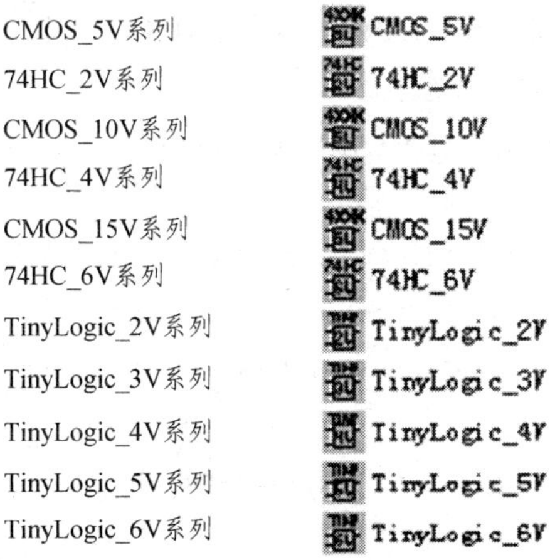

```
CMOS_5V系列        CMOS_5V
74HC_2V系列        74HC_2V
CMOS_10V系列       CMOS_10V
74HC_4V系列        74HC_4V
CMOS_15V系列       CMOS_15V
74HC_6V系列        74HC_6V
TinyLogic_2V系列   TinyLogic_2V
TinyLogic_3V系列   TinyLogic_3V
TinyLogic_4V系列   TinyLogic_4V
TinyLogic_5V系列   TinyLogic_5V
TinyLogic_6V系列   TinyLogic_6V
```

附图 2.21 "放置互补金属氧化物半导体"系列栏

（1）选中"CMOS_5 V 系列"，其"元件"栏中有 265 种数字集成电路可供调用。
（2）选中"74 HC_2 V 系列"，其"元件"栏中有 176 种数字集成电路可供调用。
（3）选中"CMOS_10 V 系列"，其"元件"栏中有 265 种数字集成电路可供调用。
（4）选中"74 HC_4 V 系列"，其"元件"栏中有 126 种数字集成电路可供调用。

（5）选中"CMOS_15 V 系列"，其"元件"栏中有 172 种数字集成电路可供调用。

（6）选中"74 HC_6 V 系列"，其"元件"栏中有 176 种数字集成电路可供调用。

（7）选中"TinyLogic_2 V 系列"，其"元件"栏中有 18 种数字集成电路可供调用。

（8）选中"TinyLogic_3 V 系列"，其"元件"栏中有 18 种数字集成电路可供调用。

（9）选中"TinyLogic_4 V 系列"，其"元件"栏中有 18 种数字集成电路可供调用。

（10）选中"TinyLogic_5 V 系列"，其"元件"栏中有 24 种数字集成电路可供调用。

（11）选中"TinyLogic_6 V 系列"，其"元件"栏中有 7 种数字集成电路可供调用。

8. "放置机电元件"按钮

点击"放置机电元件"按钮，弹出对话框的"系列"栏，如附图 2.22 所示。

检测开关	SENSING_SWITCHES
瞬时开关	MOMENTARY_SWI...
接触器	SUPPLEMENTARY...
定时接触器	TIMED_CONTACTS
线圈和继电器	COILS_RELAYS
线性变压器	LINE_TRANSFORMER
保护装置	PROTECTION_DE...
输出设备	OUTPUT_DEVICES

附图 2.22 "放置机电元件"系列栏

（1）选中"检测开关（SENSING_SWITCHES）"，其"元件"栏中有 17 种开关可供调用，并可用键盘上的相关键来控制开关的开或合。

（2）选中"瞬时开关（MPMENTARY_SWITCHES）"，其"元件"栏中有 6 种开关可供调用，动作后会很快恢复原来状态。

（3）选中"接触器（SUPPLEMENTARY_CONTACTS）"，其"元件"栏中有 21 种接触器可供调用。

（4）选中"定时接触器（TIMED_CONTACTS）"，其"元件"栏中有 4 种定时接触器可供调用。

（5）选中"线圈与继电器（COILS_RELAYS）"，其"元件"栏中有 55 种线圈与继电器可供调用。

（6）选中"线性变压器（LINE_TRANSFORMER）"，其"元件"栏中有 11 种线性变压器可供调用。

（7）选中"保护装置（PROTECTION_DEVICES）"，其"元件"栏中有 4 种保护装置可供调用。

（8）选中"输出设备（OUTPUT_DEVICES）"，其"元件"栏中有 6 种输出设备可供调用。

9. "放置指示器"按钮

点击"放置指示器"按钮，弹出对话框的"系列"栏，如附图2.23所示。

电压表	VOLTMETER
电流表	AMMETER
探测器	PROBE
蜂鸣器	BUZZER
灯泡	LAMP
虚拟灯泡	VIRTUAL_LAMP
十六进制显示器	HEX_DISPLAY
条形光柱	BARGRAPH

附图 2.23　"放置指示器"系列栏

（1）选中"电压表（VOLTMETER）"，其"元件"栏中有 4 种不同形式的电压表可供调用。

（2）选中"电流表（AMMETER）"，其"元件"栏中也有 4 种不同形式的电流表可供调用。

（3）选中"探测器（PROBE）"，其"元件"栏中有 5 种颜色的探测器可供调用。

（4）选中"蜂鸣器（BUZZER）"，其"元件"栏中仅有 2 种蜂鸣器可供调用。

（5）选中"灯泡（LAMP）"，其"元件"栏中有 9 种不同功率的灯泡可供调用。

（6）选中"虚拟灯泡（VIRTUAL_LAMP）"，其"元件"栏中只有 1 种虚拟灯泡可供调用。

（7）选中"十六进制显示器（HEX_DISPLAY）"，其"元件"栏中有 33 种十六进制显示器可供调用。

（8）选中"条形光柱（BARGRAPH）"，其"元件"栏中仅有 3 种条形光柱可供调用。

10. "放置杂项元件"按钮

点击"放置杂项元件"按钮，弹出对话框的"系列"栏，如附图2.24所示。

（1）选中"其他虚拟元件（MISC_VIRTUAL）"，其"元件"栏内容如附图 2.25 所示。

（2）选中"传感器（TRANSDUCERS）"，其"元件"栏中有 70 种传感器可供调用。

（3）选中"光电三极管型光耦合器（OPTOCOUPLER）"，其"元件"栏中有 82 种传感器可供调用。

（4）选中"晶振（CRYSTAL）"，其"元件"栏中有 18 种不同频率的晶振可供调用。

（5）选中"真空电子管（VACUUM_TUBE）"，其"元件"栏中有 22 种电子管可供调用。

（6）选中"熔丝（FUSE）"，其"元件"栏中有 13 种不同电流的熔丝可供调用。

（7）选中"三端稳压器（VOLTAGE_REGULATOR）"，其"元件"栏中有 158 种不同稳压值的三端稳压器可供调用。

（8）选中"基准电压组件（VOLTAGE_REFERENCE）"，其"元件"栏中有 106 种基准电压组件可供调用。

其他虚拟元件	MISC_VIRTUAL
传感器	TRANSDUCERS
光电三极管型光耦合器	OPTOCOUPLER
晶振	CRYSTAL
真空电子管	VACUUM_TUBE
熔丝管	FUSE
三端稳压器	VOLTAGE_REGULATOR
基准电压器件	VOLTAGE_REFERENCE
电压干扰抑制器	VOLTAGE_SUPPRESSOR
降压变换器	BUCK_CONVERTER
升压变换器	BOOST_CONVERTER
降压/升压变换器	BUCK_BOOST_CONVERTER
有损耗传输线	LOSSY_TRANSMISSION_LINE
无损耗传输线1	LOSSLESS_LINE_TYPE1
无损耗传输线2	LOSSLESS_LINE_TYPE2
滤波器	FILTERS
场效应管驱动器	MOSFET_DRIVER
电源功率控制器	POWER_SUPPLY_CONTROLLER
混合电源功率控制器	MISCPOWER
脉宽调制控制器	PWM_CONTROLLER
网络	NET
其他元件	MISC

附图 2.24 "放置杂项元件"系列栏

虚拟晶振	CRYSTAL_VIRTUAL
虚拟熔丝	FUSE_VIRTUAL
虚拟电机	MOTOR_VIRTUAL
虚拟光耦合器	OPTOCOUPLER_VIRTUAL
虚拟电子真空管	TRIODE_VIRTUAL

附图 2.25 "其他虚拟元件"元件栏

（9）选中"电压干扰抑制器（VOLTAGE_SUPPRESSOR）"，其"元件"栏中有 118 种电压干扰抑制器可供调用。

（10）选中"降压变压器（BUCK_CONVERTER）"，其"元件"栏中只有 1 种降压变压器可供调用。

（11）选中"升压变压器（BOOST_CONVERTER）"，其"元件"栏中也只有 1 种升压变压器可供调用。

（12）选中"降压/升压变压器（BUCK_ BOOST_CONVERTER）"，其"元件"栏中有 2 种降压/升压变压器可供调用。

（13）选中"有损耗传输线（LOSSY_TRANSMISSION_LINE）""无损耗传输线子 1

(LOSSLESS _LINE_TYPE1)"和"无损耗传输线 2(LOSSLESS_LINE_TYPE2)",其"元件"栏中都只有 1 种传输线可供调用。

(14)选中"滤波器(PILTERS)",其"元件"栏中有 34 种滤波器可供调用。

(15)选中"场效应管驱动器(MOSFET_DRIVER)",其"元件"栏中有 29 种场效应管驱动器可供调用。

(16)电源功率控制器(POWER_SUPPLY_CONTROLLER)中的"元件"栏中有 3 种电源功率控制器可供调用。

(17)选中"混合电源功率控制器(MISCPOWER)",其"元件"栏中有 32 种混合电源功率控制器可供调用。

(18)选中"网络(NET)",其"元件"栏中有 11 种网络可供调用。

(19)选中"其他元件(MISC)",其"元件"栏中有 14 种元件可供调用。

11. "放置杂项数字电路"按钮

点击"放置杂项数字电路"按钮,弹出对话框的"系列"栏,如附图 2.26 所示。

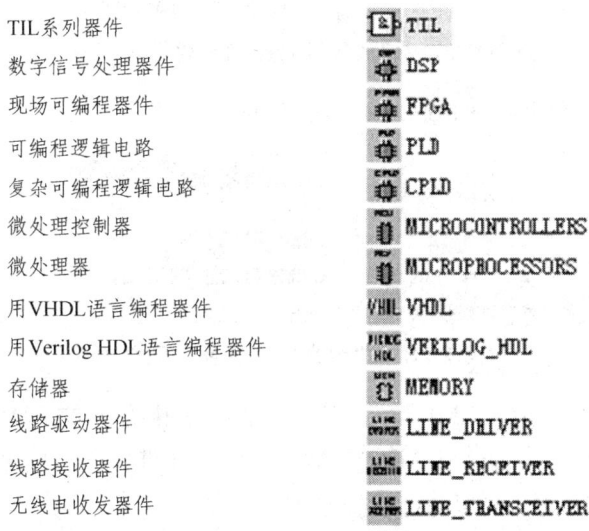

附图 2.26 "放置杂项数字电路"系列栏

(1)选中"TIL 系列器件(TIL)",其"元件"栏中有 103 种器件可供调用。
(2)选中"数字信号处理器件(DSP)",其"元件"栏中有 117 种器件可供调用。
(3)选中"现场可编程器件(FPGA)",其"元件"栏中有 83 种器件可供调用。
(4)选中"可编程逻辑电路(PLD)",其"元件"栏中有 30 种器件可供调用。
(5)选中"复杂可编程逻辑电路(CPLD)",其"元件"栏中有 20 种器件可供调用。
(6)选中"微处理控制器(MICROCONTROLLERS)",其"元件"栏中有 70 种器件可供调用。
(7)选中"微处理器(MICROPROCESSORS)",其"元件"栏中有 60 种器件可供调用。
(8)选中"用 VHDL 语言编程器件(VHDL)",其"元件"栏中有 119 种器件可供调用。
(9)选中"用 VERILOG HDL 语言编程器件(VERILOG_HDL)",其"元件"栏中有

10 种器件可供调用。

（10）选中"存储器（MEMORY）"，其"元件"栏中有 87 种器件可供调用。

（11）选中"线路驱动器件（LINE_DRIVER）"，其"元件"栏中有 16 种器件可供调用。

（12）选中"线路接收器件（LINE_RECEIVER）"，其"元件"栏中有 20 种器件可供调用。

（13）选中"无线电收发器件（LINE_TRANSCEIVER）"，其"元件"栏中有 150 种器件可供调用。

12. "放置混合杂项元件"按钮

点击"放置混合杂项元件"按钮，弹出对话框的"系列"栏，如附图 2.27 所示。

混合虚拟器件	MIXED_VIRTUAL
555定时器	TIMER
AD/DA转换器	ADC_DAC
模拟开关	ANALOG_SWITCH
多频振荡器	MULTIVIBRATORS

附图 2.27 "放置混合杂项元件"系列栏

（1）选中"混合虚拟器件（MIXED_VIRTUAL）"，其"元件"栏如附图 2.28 所示。

虚拟555电路	555_VIRTUAL
虚拟模拟开关	ANALOG_SWITCH_VIRTUAL
虚拟频率分配器	FREQ_DIVIDER
虚拟单稳态触发器	MONOSTABLE_VIRTUAL
虚拟锁相环	PLL_VIRTUAL

附图 2.28 "混合虚拟器件"元件栏

（2）选中"555 定时器（TIMER）"，其"元件"栏中有 8 种 LM555 电路可供调用。

（3）选中"A/D、D/A 转换器（ADC_DAC）"，其"元件"栏中有 39 种转换器可供调用。

（4）选中"模拟开关（ANALOG_SWITCH）"，其"元件"栏中有 127 种模拟开关可供调用。

（5）选中"多频振荡器（MULTIVIBRATORS）"，其"元件"栏中有 8 种振荡器可供调用。

13. "放置射频元件"按钮

点击"放置射频元件"按钮，弹出对话框的"系列"栏，如附图 2.29 所示。

射频电容器	RF_CAPACITOR
射频电感器	RF_INDUCTOR
射频双极结型NPN管	RF_BJT_NPN
射频双极结型PNP管	RF_BJT_PNP
射频N沟道耗尽型MOS管	RF_MOS_3TDN
射频隧道二极管	TUNNEL_DIODE
射频传输线	STRIP_LINE

附图 2.29 "放置射频元件"系列栏

（1）选中"射频电容器（RF_CAPACITOR）"和"射频电感器（RF_INDUCTOR）"，其"元件"栏中都只有1种器件可供调用。

（2）选中"射频双极结型 NPN 管（RF_BJT_NPN）"，其"元件"栏中有 84 种 NPN 管可供调用。

（3）选中"射频双极结型 PNP 管（RF_BJT_PNP）"，其"元件"栏中有 7 种 PNP 管可供调用。

（4）选中"射频 N 沟道耗尽型 MOS 管（RF_MOS_3TDN）"，其"元件"栏中有 30 种射频 MOSFET 管可供调用。

（5）选中"射频隧道二极管（TUNNEL_DIODE）"，其"元件"栏中有 10 种射频隧道二极管可供调用。

（6）选中"射频传输线（STRIP_LINE）"，其"元件"栏中有 6 种射频传输线可供调用。

至此，电子仿真软件 Multisim10.0 的元件库及元器件全部介绍完毕，对读者在创建仿真电路寻找元件时有一定的帮助。这里还有几点说明：

① 关于虚拟元件，这里指的是现实中不存在的元件，也可以理解为它们的元件参数可以任意修改和设置的元件。比如要一个 1.034 Ω 电阻、2.3 μF 电容等不规范的特殊元件，就可以选择虚拟元件通过设置参数达到；但仿真电路中的虚拟元件不能链接到制版软件 Ultiboard 8.0 的 PCB 文件中进行制版，这一点不同于其他元件。

② 与虚拟元件相对应，我们把现实中可以找到的元件称为真实元件或称现实元件。比如电阻的"元件"栏中就列出了 1.0 Ω ~ 22 MΩ 的全系列现实中可以找到的电阻。现实电阻只能调用，但不能修改它们的参数（极个别可以修改，比如晶体管的 β 值）。凡仿真电路中的真实元件都可以自动链接到 Ultiboard 8.0 中进行制版。

③ 电源虽列在现实元件栏中，但它属于虚拟元件，可以任意修改和设置它的参数；电源和地线也都不会进入 Ultiboard8.0 的 PCB 界面进行制版。

④ 关于额定元件，是指它们允许通过的电流、电压、功率等的最大值都是有限制的，超过它们的额定值，该元件将击穿和烧毁。其他元件都是理想元件，没有定额限制。

⑤ 关于三维元件，电子仿真软件 Multisim10.0 中有 23 个品种，且其参数不能修改，只能搭建一些简单的演示电路，但它们可以与其他元件混合组建仿真电路。

三、Multisim 界面菜单工具栏介绍

软件以图形界面为主，采用菜单、工具栏和热键相结合的方式，具有一般 Windows 应用软件的界面风格，用户可以根据自己的习惯和熟悉程度自如使用。

1. 菜单栏

菜单栏位于界面的上方，通过菜单栏可以对 Multisim 的所有功能进行操作。不难看出菜单栏中有一些与大多数 Windows 平台上的应用软件一致的功能选项，如 File, Edit, View, Options, Help。此外，还有一些 EDA 软件专用的选项，如 Place, Simulation, Transfer 以及 Tool 等。参见附表 2.1 ~ 2.9。

（1）File 菜单中包含了对文件和项目的基本操作以及打印等命令。

附表 2.1　File 菜单

命　令	功　能
New	建立新文件
Open	打开文件
Close	关闭当前文件
Save	保　存
Save As	另存为
New Project	建立新项目
Open Project	打开项目
Save Project	保存当前项目
Close Project	关闭项目
Version Control	版本管理
Print Circuit	打印电路
Print Report	打印报表
Print Instrument	打印仪表
Recent Files	最近编辑过的文件
Recent Project	最近编辑过的项目
Exit	退出 Multisim

（2）Edit 命令提供了类似于图形编辑软件的基本编辑功能，用于对电路图进行编辑。

附表 2.2　Edit 菜单

命　令	功　能
Undo	撤销编辑
Cut	剪　切
Copy	复　制
Paste	粘　贴
Delete	删　除
Select All	全　选
Flip Horizontal	将所选的元件左右翻转
Flip Vertical	将所选的元件上下翻转
90 ClockWise	将所选的元件顺时针 90 度旋转
90 ClockWise CW	将所选的元件逆时针 90 度旋转
Component Properties	元器件属性

（3）通过 View 菜单可以决定使用软件时的视图，对一些工具栏和窗口进行控制。

附表 2.3 View 菜单

命 令	功 能
Toolbars	显示工具栏
Component Bars	显示元器件栏
Status Bars	显示状态栏
Show Simulation Error Log/Audit Trail	显示仿真错误记录信息窗口
Show XSpice Command Line Interface	显示 Xspice 命令窗口
Show Grapher	显示波形窗口
Show Simulate Switch	显示仿真开关
Show Grid	显示栅格
Show Page Bounds	显示页边界
Show Title Block and Border	显示标题栏和图框
Zoom In	放大显示
Zoom Out	缩小显示
Find	查找

（4）通过 Place 命令输入电路图。

附表 2.4 Place 菜单

命 令	功 能
Place Component	放置元器件
Place Junction	放置连接点
Place Bus	放置总线
Place Input/Output	放置输入/输出接口
Place Hierarchical Block	放置层次模块
Place Text	放置文字
Place Text Description Box	打开电路图描述窗口，编辑电路图描述文字
Replace Component	重新选择元器件替代当前选中的元器件
Place as Subcircuit	放置子电路
Replace by Subcircuit	重新选择子电路替代当前选中的子电路

（5）通过 Simulate 菜单执行仿真分析命令。

附表 2.5　Simulate 菜单

命　令	功　能
Run	执行仿真
Pause	暂停仿真
Default Instrument Settings	设置仪表的预置值
Digital Simulation Settings	设定数字仿真参数
Instruments	选用仪表（也可通过工具栏选择）
Analyses	选用各项分析功能
Postprocess	启用后处理
VHDL Simulation	进行 VHDL 仿真
Auto Fault Option	自动设置故障选项
Global Component Tolerances	设置所有器件的误差

（6）Transfer 菜单提供的命令可以完成 Multisim 对其他 EDA 软件需要的文件格式的输出。

附表 2.6　Transfer 菜单

命　令	功　能
Transfer to Ultiboard	将所设计的电路图转换为 Ultiboard（Multisim 中的电路板设计软件）的文件格式
Transfer to other PCB Layout	将所设计的电路图以其他电路板设计软件所支持的文件格式
Backannotate From Ultiboard	将在 Ultiboard 中所作的修改标记到正在编辑的电路中 Export Simulation Results to MathCAD 将仿真结果输出到 MathCAD
Export Simulation Results to Excel	将仿真结果输出到 Excel
Export Netlist	输出电路网表文件

（7）Tools 菜单主要针对元器件的编辑与管理的命令。

附表 2.7　Tools 菜单

命　令	功　能
Create Components	新建元器件
Edit Components	编辑元器件
Copy Components	复制元器件
Delete Component	删除元器件
Database Management	启动元器件数据库管理器，进行数据库的编辑管理工作
Update Component	更新元器件

(8)通过 Option 菜单可以对软件的运行环境进行定制和设置。

附表 2.8 Option 菜单

命 令	功 能
Preference	设置操作环境
Modify Title Block	编辑标题栏
Simplified Version	设置简化版本
Global Restrictions	设定软件整体环境参数
Circuit Restrictions	设定编辑电路的环境参数

(9)Help 菜单提供了对 Multisim 的在线帮助和辅助说明。

附表 2.9 Help 菜单

命 令	功 能
Multisim Help	Multisim 的在线帮助
Multisim Reference	Multisim 的参考文献
Release Note	Multisim 的发行申明
About Multisim	Multisim 的版本说明

2. 工具栏

Multisim10.0 提供了多种工具栏,并以层次化的模式加以管理,用户可以通过 View 菜单中的选项方便地将顶层的工具栏打开或关闭,再通过顶层工具栏中的按钮来管理和控制下层的工具栏。通过工具栏,用户可以方便直接地使用软件的各项功能。顶层的工具栏有:Standard 工具栏、Design 工具栏、Zoom 工具栏、Simulation 工具栏。

(1)Standard 工具栏包含了常见的文件操作和编辑操作。

(2)Design 工具栏作为设计工具栏是 Multisim 的核心工具栏,通过对该工具栏按钮的操作,可以完成对电路从设计到分析的全部工作,其中的按钮可以直接开关下层的工具栏:Component 中的 Multisim Master 工具栏、Instrument 工具栏。

(3)用户可以通过 Zoom 工具栏方便地调整所编辑电路的视图大小。

(4)Simulation 工具栏可以控制电路仿真的开始、结束和暂停。

附录3 实验数据记录单

第三章 实验一

_____大学（学院）实验数据记录单						
课程名称			实验项目		成 绩	
学生姓名		专业班级			学号	
指导老师		实验台号		学时数		实验日期	

一、数据记录

电流数据表

各支路电流	测量值	计算值	误差
I_1			
I_2			
I_3			
$\sum I$			

注：表中各电流的编号可自行定义。

电压数据表

支路电压	U_{ab}	U_{bc}	U_{cd}	U_{de}	U_{ef}	U_{fa}	U_{ad}	验证$\sum U$ abcda	验证$\sum U$ fadef
测量值									
计算值									
误差/(%)									

二、其他

第三章 实验二

_____大学(学院)实验数据记录单					
课程名称		实验项目		成 绩	
学生姓名		专业班级		学号	
指导老师		实验台号		学时数	实验日期

一、数据记录

实验数据表　　　　　　　　　　　　　　　　　　　　　　　　mA

	I_1			I_2			I_3		
	测量	计算	误差	测量	计算	误差	测量	计算	误差
U_1 作用									
U_2 作用									
U_1、U_2 同时作用									

实验数据表

R_L/Ω	0	400	500	550	600	800	1 k	1.2 k	1.5 k	2 k	3 k
I_L/mA											
P/W											

二、其他

第三章　实验三

_____大学（学院）实验数据记录单

课程名称			实验项目		成　绩	
学生姓名		专业班级			学号	
指导老师		实验台号		学时数	实验日期	

一、数据记录

电压数据

电源电压	灯管电压	镇流器电压

并联不同电容时电流数据

$C/\mu F$	0	1	2	3
I/mA				
I_1/mA				
I_2/mA				

二、其他

第三章 实验四

_____大学（学院）实验数据记录单

课程名称		实验项目		成 绩	
学生姓名		专业班级		学号	
指导老师		实验台号		学时数		实验日期	

一、数据记录

1. 一阶电路的正弦稳态响应

按图 3.14 接线，分别在以下条件观测 U_2 记录波形测量 U_{2m} 及输入的相位差

输入	输出	
	U_{2m}（波形及参数）	ϕ
U_{1m} = 3 V；f = 100 Hz		
U_{1m} = 3 V；f = 1 000 Hz		
U_{1m} = 3 V；f = 10 kHz		

2. 二阶电路的正弦稳态响应

按图 3.15 接线，分别在以下条件观测 U_{2m} 及 U_2 和 U_1 的相位差 ϕ

输入	输出	
	U_{2m}（波形及参数）	ϕ
U_{1m} = 3 V；f = 14 kHz		
U_{1m} = 3 V；f = 19.5		

3. 测谐振频率 f

保持 U_{1m} = 3 V，改变 f，使 $\phi = \phi_{U2} - \phi_{U1} = 0$，此时 $f = f_0 =$ _____，$U_{2m} =$ _____。

二、其他

第三章 实验五

_____大学(学院)实验数据记录单

课程名称		实验项目		成　绩	
学生姓名		专业班级		学号	
指导老师		实验台号		学时数		实验日期	

一、数据记录

测量数据表（$R = 330\ \Omega$）

f/kHz										
U_o/V										
U_L/V										
U_C/V										

$U_i = 3$ V, $C = 0.01\ \mu$F, $R = 330\ \Omega$, $f_0 =$　　　　, $f_2 - f_1 =$　　　　, $Q =$

测量数据表（$R = 2.2\ \text{k}\Omega$）

f/kHz										
U_o/V										
U_L/V										
U_C/V										

$U_i = 3$ V, $C = 0.01\ \mu$F, $R = 2.2\ \text{k}\Omega$, $f_0 =$　　　　, $f_2 - f_1 =$　　　　, $Q =$

二、其他

第三章 实验六

_____ 大学（学院）实验数据记录单					
课程名称		实验项目		成　绩	
学生姓名		专业班级		学号	
指导老师		实验台号		学时数		实验日期	

一、数据记录

负载 Y 形连接实验数据记录表

测量记录		负载对称	负载对称	负载不对称	负载不对称
		有中线	无中线	有中线	无中线
线电压/V	U_{AB}				
	U_{BC}				
	U_{CA}				
相电压/V	U_A				
	U_B				
	U_C				
电流/mA	I_A				
	I_B				
	I_C				
中线电流/mA	I_O				
中点电压/V	$U_{OO'}$				
灯泡亮度					

负载 △ 形连接实验数据记录表

测量记录	相电压/V			线电流/mA			相电流/mA			灯泡亮度		
	U_{AB}	U_{BC}	U_{CA}	I_A	I_B	I_C	I_{AX}	I_{BY}	I_{CZ}	AX 相	BY 相	CZ 相
对称												
不对称												

二、其他

第三章 实验七

_____大学（学院）实验数据记录单

课程名称			实验项目			成 绩	
学生姓名		专业班级			学号		
指导老师		实验台号		学时数		实验日期	

一、数据记录

绝缘参数数据表

绕组与壳间绝缘电阻/MΩ			各项绕组间绝缘电阻/MΩ		
A 相对壳	B 相对壳	C 相对壳	A 对 B	B 对 C	C 对 A

二、其他

第四章 实验一

_____大学（学院）实验数据记录单

课程名称		实验项目		成 绩	
学生姓名		专业班级		学号	
指导老师		实验台号		学时数		实验日期	

一、数据记录

二极管参数测量

二极管型号	万用表档位	正向电阻	反向电阻	制造材料

三极管参数测量

三极管型号	万用表档位	三极管类型	h_{FE}值	发射结电阻（正/反）	集电结电阻（正/反）	制造材料

二、其他

第四章 实验二

_____大学（学院）实验数据记录单

课程名称			实验项目		成 绩	
学生姓名		专业班级			学号	
指导老师		实验台号		学时数	实验日期	

一、数据记录

放大器参数表

测 量 值			计 算 值		
U_B/V	U_E/V	U_C/V	U_{BE}/V	U_{CE}/V	I_C/mA

表 4.4　$U_C = 6$ V，$U_S = 100$ mV，$f = 1$ kHz

R_L/kΩ	U_S	U_i	U_o/V	A_u	观察记录一组 U_o 和 U_i 波形
∞					
5.1					
2.4					

$R_L = ∞$ 时放大器情况

测试条件	U_o 波形	Q 点 U_C（V）	失真类型	放大器工作状态
$U_S = 30$ mV，R_w 逆时针调到 U_o 出现失真				
$U_S = 30$ mV，R_w 顺时针调到 U_o 出现失真				
调节 R_w，使 $U_C = 6$ V，加大输入 U_i，使 U_o 上下同时失真				

$U_C = 6$ V，$R_L = 2.4$ kΩ，$R_S = 2.4$ kΩ

$R_i = \left(\dfrac{U_i}{U_S - U_i}\right) R_S$	$R_o = \left(\dfrac{U_o}{U_L} - 1\right) R_S$

二、其他

第四章　实验三

_____大学（学院）实验数据记录单

课程名称		实验项目		成　绩	
学生姓名		专业班级		学号	
指导老师		实验台号		学时数		实验日期	

一、数据记录

测试数据表（U_{iB}端 U_{iA}端输入反向等值信号）

U_i	0 V	0.2 V	0.4 V	0.6 V	A_d
U_o					
U_{C1}					
U_{C2}					
U_{R5}					

测试数据表（U_{iB}端接地，U_{iA}端输入）

U_i	0 V	0.2 V	0.4 V	0.6 V	A_d
U_o					
U_{C1}					

共模放大倍数测量数据

U_i	U_o	U_{C1}	U_{C2}
0.3			
0.6			

二、其他

第四章 实验四

_____大学（学院）实验数据记录单

课程名称		实验项目		成 绩	
学生姓名		专业班级		学号	
指导老师		实验台号		学时数	实验日期

一、数据记录

静态工作点数据

放大器	U_B/V	U_E/V	U_C/V	I_C/mA
第一级				
第二级				

$R_f = 2.4$ kΩ时数据

条 件		U_S	U_i	U_o	A_u	R_i	R_o
有电压串联负反馈	$R_L = \infty$						
	$R_L = 2.4$ kΩ						
无电压串联负反馈	$R_L = \infty$						
	$R_L = 2.4$ kΩ						

负反馈接入前后输出对比

条 件	放大器输出波形 U_{o2}
接入负反馈前	
接入负反馈后	

负反馈接入前后通频带

接入负反馈前	f_L/kHz	f_H/kHz	Δf/kHz
接入负反馈后	f_{Lf}/kHz	f_{Hf}/kHz	Δf_f/kHz

二、其他

第四章　实验五

_____大学（学院）实验数据记录单

课程名称		实验项目		成　绩	
学生姓名		专业班级		学号	
指导老师		实验台号		学时数		实验日期	

一、数据记录

静态工作点参数

U_E/V	U_B/V	U_C/V	$I_E = U_E/R_E$/mA

表 4.15　输入输出及放大倍数测量值

U_i/V	U_L/V	$A_v = U_L/U_i$

输出电阻计算

U_o/V	U_L/V	$R_o = \left(\dfrac{U_O}{U_L} - 1\right) R_L$/kΩ

输入电阻计算

U_s/V	U_i/V	$R_i = \dfrac{U_i}{U_s - U_i} R$/kΩ

跟随特性测试数据

U_i/V	
U_L/V	

不同频率下的输出电压 U_L 值

f_K/Hz	
U_L/V	

二、其他

第四章 实验六

_____大学（学院）实验数据记录单

课程名称		实验项目		成　绩	
学生姓名		专业班级		学号	
指导老师		实验台号		学时数		实验日期	

一、数据记录

反相加法电路输出

U_{i1}/V	U_{i2}/V	U_o/V（实测）	U_o/V（理论）
1	2		
2	1		

减法电路输出

U_{i1}/V	U_{i2}/V	U_o/V（实测）	U_o/V（理论）
1	2		
2	1		

积分电路输入、输出波形

	输入信号 U_i	输出信号 U_o
积分运算电路		

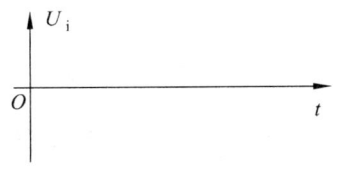
（a）输入信号 U_i 波形

（b）$U_R = -2.5$ V 时，输出信号 U_o 波形

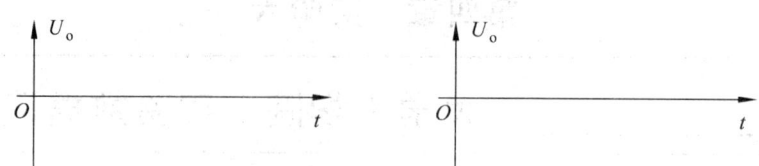

(c) $U_R = 0$ V 时，输出信号 U_o 波形　　(d) $U_R = +2.5$ V 时，输出信号 U_o 波形

比较器的输入、输出波形

二、其他

第五章 实验一

_____大学（学院）实验数据记录单

课程名称		实验项目		成 绩	
学生姓名		专业班级		学号	
指导老师		实验台号		学时数		实验日期	

一、数据记录

参数测试表

I_{CCL}/mA	I_{CCH}/mA	I_{iL}/mA	I_{iH}/mA	$N_{oL} = \dfrac{I_{oL}}{I_{iL}}$	$t_{pd} = T/6$/ns

输出电压值

U_i/V	0	0.5	0.8	1	1.1	1.2	1.3	1.4	1.5	1.6	1.8	2	3	3.6
U_o/V														

功能测试表

输 入				输 出	
A_n	B_n	C_n	D_n	Y_1（逻辑电平）	Y_1（电压表测量值）
1	1	1	1		
0	1	1	1		
1	0	1	1		
1	1	0	1		
1	1	1	0		

输出端波形

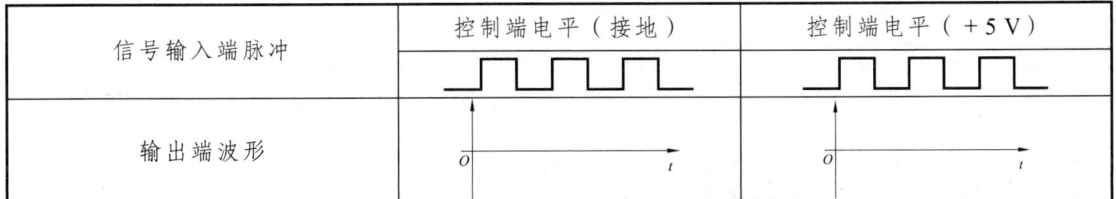

74LS02 或非门逻辑功能测试

输入电平		输出电平
1A	1B	1Y
0	0	
0	1	
1	0	
1	1	

74LS86 异或门逻辑功能测试

输入电平		输出电平
1A	1B	1Y
0	0	
0	1	
1	0	
1	1	

二、其他

第五章 实验二

<u>　　　　　　　　　　　</u>大学（学院）实验数据记录单

课程名称		实验项目		成　绩	
学生姓名		专业班级		学号	
指导老师		实验台号		学时数		实验日期	

一、数据记录

方案一

RS 触发器测试结果

R	0				0				1		
S	0				1				0		
CP	0	1	0	0	1	0	0	1	0		
Q											

异步置位和复位功能测试数据

CP	J	K	$\bar{R}_D$	$\bar{S}_D$	Q	$\bar{Q}$
×	×	×	0	1		
×	×	×	1	0		

逻辑功能测试数据

J	0				1				0				1			
K	0				0				1				1			
CP	0	1	0	1	0	0	1	0	1	0	0	1	0	1	0	0	1	0	1	0
Q	1				1				1				1			
	0				0				0				0			

注：表中 Q 栏已注明电平是要求预置的电平。

异步置位和复位功能测试数据

CP	D	$\bar{R}_D$	$\bar{S}_D$	Q	$\bar{Q}$
×	×	0	1		
×	×	1	0		

逻辑功能测试数据

D	0					1				
CP	0	1	0	1	0	0	1	0	1	0
Q	0					0				
	1					1				

方案二

T 触发器的逻辑功能

输入				输出
$\bar{S}_D$	$\bar{R}_D$	CP	T	Q^{n+1}
0	1	×	×	1
1	0	×	×	0
1	1	↓	0	Q^n
1	1	↓	1	$\bar{Q}^n$

D 触发器逻辑状态测试表

JK→D	0					1				
CP	0	1	0	1	0	0	1	0	1	0
Q	0					0				
	1					1				

注：表中 Q 栏已注明之电平状态，是要求预置的状态。

二、其他

第五章 实验三

_____大学（学院）实验数据记录单

课程名称		实验项目		成 绩	
学生姓名		专业班级		学号	
指导老师		实验台号		学时数		实验日期	

一、数据记录

二进制编码器功能测试数据表

开关 K	输 出		
	C	B	A
0			
1			
2			
3			
4			
5			
6			
7			

2-4 线译码器功能测试数据表

输 入			输 出			
S	A_1	A_0	Q_3	Q_2	Q_1	Q_0
0	0	0				
0	0	1				
0	1	0				
0	1	1				
1	0	0				
1	0	1				
1	1	0				
1	1	1				

表 5.20 七段数字显示译码驱动器测试结果

功能	使能端			译码输入	译码输出端电压							字形
	$\overline{LT}$	$\overline{RBI}$	$\overline{BI}/\overline{RBO}$	$D\ C\ B\ A$	a	b	c	d	e	f	g	
译码	1	1	1	0 0 0 0								
	1	×	1	0 0 0 1								
	1	×	1	0 0 1 0								
	1	×	1	0 0 1 1								
	1	×	1	0 1 0 0								
	1	×	1	0 1 0 1								
	1	×	1	0 1 1 0								
	1	×	1	0 1 1 1								
	1	×	1	1 0 0 0								
	1	×	1	1 0 0 1								
	1	×	1	1 0 1 0								
	1	×	1	1 0 1 1								
	1	×	1	1 1 0 0								
	1	×	1	1 1 0 1								
	1	×	1	1 1 1 0								
	1	×	1	1 1 1 1								
灭灯	×	×	0	× × × ×								
灭零	1	0	输出 0	0 0 0 0								
试灯	0	×	1	× × × ×								

注:"×"表示任意电平。

二、其他

第五章 实验四

_____大学（学院）实验数据记录单

课程名称		实验项目		成　绩	
学生姓名		专业班级		学号	
指导老师		实验台号		学时数		实验日期	

一、数据记录

加法计数器输出状态

$\bar{R}_D$	$\bar{S}_D$	CP	Q_3	Q_2	Q_1	Q_0
1	0	×				
0	1	×				
1	1	1				
1	1	2				
1	1	3				
1	1	4				

输入、输出波形

CP_0	
Q_0	
Q_1	
Q_2	
Q_3	

74LS90 的置位、复位功能测试输出状态

输　入				输　出			
$R0(1)$	$R0(2)$	$R9(1)$	$R9(2)$	Q_D	Q_C	Q_B	Q_A
1	1	0	×				
1	1	×	0				
×	×	1	1				
×	0	×	0	计　数			
0	×	0	×	计　数			
0	×	×	0	计　数			
×	0	0	×	计　数			

74LS90 计数功能测试输出状态

CP 脉冲	BCD 码				二-五进制计数输出			
	Q_D	Q_C	Q_B	Q_A	Q_A	Q_D	Q_C	Q_B
1								
2								
3								
4								
5								
6								
7								
8								
9								
10								

二、其他

第五章　实验五

_____大学（学院）实验数据记录单								
课程名称			实验项目			成　绩	
学生姓名		专业班级			学号		
指导老师		实验台号		学时数		实验日期	

一、数据记录

555 定时器功能测试数据

T_H	T_L	R	U_o	U_D	放电三极管工作状态
×	×	0			
$>2/3V_{CC}$	$>1/3V_{CC}$	1 电平			
$<2/3V_{CC}$	$>1/3V_{CC}$	1 电平			
$<2/3V_{CC}$	$<1/3V_{CC}$	1 电平			
$>2/3V_{CC}$	$<1/3V_{CC}$	1 电平			

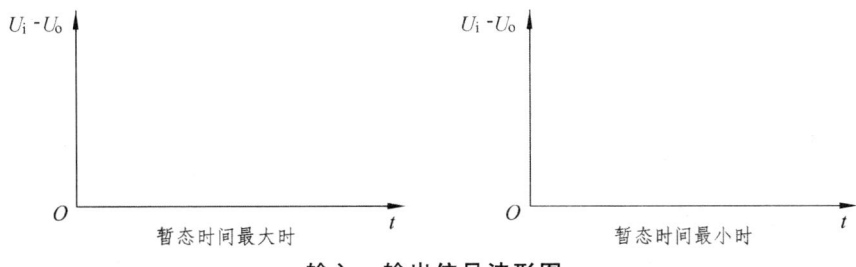

输入、输出信号波形图

二、其他

第五章 实验六

一、实验记录

（1）半加器电路。

（2）全加器电路。

二、其他